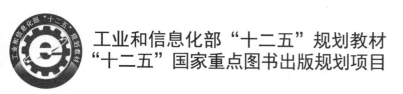

工业和信息化部"十二五"规划教材

"十二五"国家重点图书出版规划项目

软件测试与质量保证

Software Testing and Quality Assurance

● 朱东杰　孙玉山　主编

哈尔滨工业大学出版社

HITP HARBIN INSTITUTE OF TECHNOLOGY PRESS

内 容 简 介

本书分为两部分:第一部分先介绍软件测试的概念,然后按照软件测试过程,分别对单元测试、集成阶段、系统测试、回归测试、验收测试进行介绍,最后介绍自动化测试工具的使用以及与现阶段热门的"互联网+"相关的 App 测试方法和工具的使用方法;第二部分介绍软件质量保证的相关概念,重点介绍关键型软件的质量标准,软件质量保证团队与计划,当代软件质量管理与标准,统计软件质量保证等方面的相关概念与技术。

本书可供高等院校计算机与软件工程专业高年级本科生使用,也可供相关专业科技人员参考。

图书在版编目(CIP)数据

软件测试与质量保证/朱东杰,孙玉山主编. —哈尔滨:哈尔滨工业大学出版社,2017.6

ISBN 978-7-5603-5924-3

Ⅰ.①软… Ⅱ.①朱… ②孙… Ⅲ.①软件-测试 ②软件质量-质量管理 Ⅳ.①P311.5

中国版本图书馆 CIP 数据核字(2016)第 062162 号

策划编辑 王桂芝 张 荣
责任编辑 刘 瑶 王桂芝
出版发行 哈尔滨工业大学出版社
社 址 哈尔滨市南岗区复华四道街 10 号 邮编 150006
传 真 0451-86414749
网 址 http://hitpress.hit.edu.cn
印 刷 哈尔滨市工大节能印刷厂
开 本 787mm×1092mm 1/16 印张 14.25 字数 350 千字
版 次 2017 年 6 月第 1 版 2017 年 6 月第 1 次印刷
书 号 ISBN 978-7-5603-5924-3
定 价 32.00 元

(如因印装质量问题影响阅读,我社负责调换)

前　言

随着软件规模的不断扩大,软件设计的复杂程度不断提高,软件开发中出现错误或缺陷的机会越来越多,同时,市场对软件质量重要性的认识逐渐增强,由此软件测试在软件项目实施过程中的重要性日益突出。但现实情况是,与软件编程比较,软件测试的地位和作用还没有真正得到重视。

本书按照软件测试过程,针对软件测试过程中的各个阶段分析总结出相关技术,并通过结合实际示例,使软件测试更加容易理解,并且能够利用所学技术,采用合适的自动化测试工具对系统进行测试。通过本书的学习,读者可以了解为什么需要软件测试,软件测试都测些什么,由谁来进行软件测试,软件测试可以使用哪些自动化工具,采用何种技术和手段来保证软件质量。

由于软件测试与质量保证理论较为抽象,而在校学生往往无实践经验,因此本书将软件测试理论与实例相结合,通过精心设计的实验,引导学生掌握软件测试自动化的相关内容,这正是本书的特色所在。

本书的主要特点如下:

(1)对软件测试与质量保证的理论和技术做深入、详尽的阐述。

(2)本书贯彻"教你怎样做"的原则,包含了软件测试自动化工具使用的例子。

(3)为了培养学生的动手能力,本书在第 6、8、9 章以业界实际使用的软件测试自动化工具为例,讲述如何使用实际的工具对软件系统进行功能测试、性能测试和回归测试等。

(4)移动互联网大潮正以前所未有之势席卷传统行业,整个社会也在不知不觉中迈入以各种平板、智能手机等移动终端为信息传播主导媒介的移动互联网时代,本书第9章根据移动 App 的特点分析对移动 App 进行测试的方法和技术,并对业界使用的 App 自动化测试工具进行介绍。

本书由朱东杰、孙玉山任主编;由高晨光、董爽爽、王大顺、房笑棣、乔学明任副主编;由王宇颖、李东主审。哈尔滨工业大学(威海)计算机学院的朱东杰对全书进行整体策划和统稿。具体分工如下:哈尔滨工业大学(威海)计算机学院孙玉山编写第 10～14 章,并对全书进行了修改与校对;牡丹江医学院高晨光编写第 1、2 章;哈尔滨工业大学(威海)王大顺编写第 3 章;中国建设银行山东省威海市支行的房笑棣编写第 4 章;国网山东省电力公司威海供电公司乔学明编写第 5 章,并对实验部分提出了宝贵的意见;哈尔滨工业大学(威海)董爽爽编写第 8、9 章并对本书的源代码进行调试;哈尔滨工业大学研究生彭暄、孙昊和杜海文参与编写第 8、9 章的实验部分。哈尔滨工业大学王宇颖教授和李东教授审阅了书稿，提出了很多宝贵的修改意见。权光日教授和张廷斌教授也对本书的出版提出了宝贵的建议。

由于编者水平有限，书中难免有不妥之处，恳请读者批评指正，作者将不胜感激。作者联系方式：zhudongjie@ hit. edu. cn。

本书实验相关要求及代码可以从 http：//software. hitwh. edu. cn/moodle 下载或者直接向作者索取。

编　者

2017 年 1 月

目　　录

第一部分　软件测试

第二部分　软件质量保证

第一部分　软件测试

第1章 软件测试技术相关概念

1.1 软件测试概述

1.1.1 软件测试的定义

软件测试(Software Testing)是描述一种用来促进鉴定软件的正确性、完整性、安全性和质量的过程。换句话说,软件测试是一种实际输出与预期输出间的审核或者比较过程。软件测试的经典定义是:在规定的条件下对程序进行操作,以发现程序错误,衡量软件质量,并对其是否能满足设计要求进行评估的过程。软件测试是软件质量保证(Software Quality Assurance,SQA)的重要子域。

Glenford J. Myers 曾对软件测试的目的提出以下观点:

(1)测试是为了发现程序中的错误而执行程序的过程。

(2)好的测试方案是极可能发现迄今为止尚未发现的错误的测试方案。

(3)成功的测试是发现了至今为止尚未发现的错误的测试。

(4)测试并不仅仅是为了找出错误。通过分析错误产生的原因和错误的发生趋势,可以帮助项目管理者发现当前软件开发过程中的缺陷,以便及时改进。

(5)这种分析也能帮助测试人员设计出有针对性的测试方法,改善测试的效率和有效性。

(6)没有发现错误的测试也是有价值的,完整的测试是评定软件质量的一种方法。

(7)根据测试目的的不同,可分为回归测试、压力测试和性能测试等,分别是为了检验修改或优化过程是否引发新的问题、软件所能达到处理能力和是否达到预期的处理能力等。

1.1.2 软件测试的原则

从不同的角度出发,软件测试会派生出两种不同的测试原则。从用户的角度出发,就是希望通过软件测试能充分暴露软件中存在的问题和缺陷;从开发者的角度出发,就是希望通过测试能表明软件产品不存在错误,已经正确地实现了用户的需求,因此提出这样一组测试原则:

(1)所有软件测试都应追溯到用户需求。

(2)应当把"尽早和不断地测试"作为开发者的座右铭。

(3)完全测试是不可能的,测试需要终止。

(4)制订严格的测试计划,并把测试时间安排得尽量宽松,不要希望在极短的时间内完成一个高水平的测试。

(5)应按测试对象所处环境来设计测试用例。

（6）测试错误结果，应按测试对象所处环境进行举一反三，看其具有普遍性还是唯一性。

（7）回归测试的关联性一定要引起充分的注意，修改一个错误而引起更多错误出现的现象并不少见。

（8）妥善保存一切测试过程文档，意义是不言而喻的，测试的重现性往往要靠测试文档。

（9）测试无法显示软件潜在缺陷。

（10）充分注意测试中的群集现象，根据80/20原则，80%的错误与系统20%的程序模块有关。

（11）程序员应避免检查自己的程序。

（12）避免测试的随机性，要有组织、有计划、有步骤地测试。

1.1.3　软件测试的目标

软件测试的目标如下：

（1）发现一些可以通过测试避免的开发风险。

（2）实施测试来降低所发现的风险。

（3）确定测试何时可以结束。

（4）在开发项目过程中将测试看作是一个标准项目。

1.1.4　软件测试的过程

软件测试的过程如下：

（1）对要执行测试的产品/项目进行分析，确定测试策略，制订测试计划。该计划被审核批准后转向下一步。测试工作启动前一定要确定正确的测试策略和指导方针，这些是后期工作的基础。只有将本次的测试目标和要求分析清楚，才能决定测试资源的投入。

（2）设计测试用例。要根据测试需求和测试策略来设计测试用例，如果进度压力不大，应进行详细设计；如果进度、成本压力较大，则应保证测试用例覆盖到关键性的测试需求。该用例被批准后转向下一步。

（3）如果满足"启动准则"（Entry Criteria），那么执行测试。执行测试主要是搭建测试环境，执行测试用例。执行测试时要进行进度控制、项目协调等工作。

（4）提交缺陷。进行缺陷审核和验证等工作。

（5）消除软件缺陷。在通常情况下，开发经理需要审核缺陷，并进行缺陷分配。程序员修改自己负责的缺陷。程序员修改完成后，进入到回归测试阶段。如果满足"完成准则"（Exit Criteria），则正常结束测试。

（6）撰写测试报告。对测试进行分析，总结本次的经验教训，在下次工作中进行改进。

软件测试过程管理主要包括软件测试是什么样的过程，如何评价一个软件测试过程，如何进行配置管理以及测试风险分析与测试成本管理。

1.1.5　软件测试的内容

软件测试的内容包括验证（Verification）和确认（Validation）。

1.验证

验证是保证软件正确实现一些特定功能的一系列活动，即保证软件以正确的方式做了这个事件(Do it right)。

(1)确定软件生存周期中的一个给定阶段的产品是否达到前阶段所确立的需求的过程。

(2)程序正确性的形式证明,即采用形式理论证明程序符合设计规约规定的过程。

(3)评审、审查、测试、检查和审计等各类活动,或对某些项处理、服务或文件等是否和规定的需求相一致,进行判断和提出报告。

2.确认

确认是一系列的活动和过程,目的是想证实在一个给定的外部环境中软件的逻辑正确性,即保证软件做了你所期望的事情(Do the right thing)。

(1)静态确认。不在计算机上实际执行程序,通过人工或程序分析来证明软件的正确性。

(2)动态确认。通过执行程序做分析,测试程序的动态行为,以证实软件是否存在问题。

软件测试的对象不仅仅是程序测试,还应包括整个软件开发期间各个阶段所产生的文档,如需求规格说明、概要设计文档及详细设计文档。当然,软件测试的主要对象还是源程序。

1.1.6　软件测试的分类

软件测试从不同角度考虑,其分类也不同。

按是否关心软件内部结构和具体实现的角度划分为:

(1)白盒测试。

(2)黑盒测试。

(3)灰盒测试。

按是否执行程序的角度划分为:

(1)静态测试。

(2)动态测试。

按软件开发的过程阶段划分为:

(1)单元测试。

(2)集成测试。

(3)系统测试。

(4)验收测试。

(5)回归测试。

(6)α 测试。

(7)β 测试。

具体来说,单元测试是集中对用源代码实现的每个程序单元进行测试,检查各个程序模块是否正确地实现了规定的功能;集成测试把已测试过的模块组装起来,主要对与设计相关的软件体系结构进行测试;系统测试是把已经经过确认的软件纳入实际运行环境中,与其他系统组合在一起进行测试;验收测试是系统开发生命周期方法论的一个阶段,相关的用户和独立测试人员根据测试计划和结果对系统进行测试和接收;回归测试是指修改了旧代码后,重新进行测试以确认修改没有引入新的错误或导致其他代码产生错误;α 测试是由一个用户在开发环境下进行的测试,也可以是公司内部用户在模拟实际操作环境下进行的受控测试;β 测试是由软件的多个用户在一个或多个实际使用环境下进行的测试,开发者通常不在现场。

本书将从软件开发过程按阶段划分为读者详细介绍软件测试的方法、过程及相关工具。

1.2　软件测试现状

由于软件开发中会出现很多错误或缺陷,而且市场对软件质量重要性的认识逐渐增强,因此软件测试在软件项目实施过程中的重要性日益突出。但现实情况是,与软件编程比较,软件测试的地位和作用还没有真正受到重视,很多人(甚至是软件项目组的技术人员)还存在对软件测试的认识误区,这进一步影响了软件测试活动的开展和软件测试质量的真正提高。

1. 误区之一:软件开发完成后进行软件测试

一般认为,软件开发要经过以下几个阶段:需求分析、概要设计、详细设计、软件编码、软件测试及软件发布。据此,认为软件测试只是软件开发的一个过程。这是不了解软件测试周期的错误认识。软件测试是一系列过程活动,包括软件测试需求分析、测试计划设计、测试用例设计及执行测试。因此,软件测试贯穿于软件项目的整个生命过程。在软件项目的每个阶段都要进行不同目的和内容的测试活动,以保证各个阶段的正确性。软件测试的对象不仅仅是软件代码,还包括软件需求文档和设计文档。软件开发与软件测试应该是交互进行的,例如,单元编码需要单元测试,模块组合阶段需要集成测试。如果等到软件编码结束后才进行测试,那么测试的时间将会很短,测试的覆盖面将很不全面,测试的效果也会大打折扣。更严重的是,如果此时发现软件需求阶段或概要设计阶段出错,要修复该类错误则会耗费大量的时间和人力。

2. 误区之二:软件发布后如果发现质量问题,则是软件测试人员的错

这种认识很打击软件测试人员的积极性。软件中的错误可能来自软件项目中的各个过程,软件测试只能确认软件存在错误,不能保证软件没有错误,因为从根本上讲,软件测试不可能发现全部的错误。从软件开发的角度看,软件的高质量不是软件测试人员测出来的,而是靠软件生命周期的各个过程设计出来的。软件出现错误,不能简单地归结为某一个人的责任,有些错误的产生可能不是技术原因,而是来自于混乱的项目管理。应该分析软件项目的各个过程,从过程改进方面寻找产生错误的原因和改进的措施。

3. 误区之三:软件测试要求不高,随便找个人做就行

很多人都认为软件测试就是安装和运行程序,点点鼠标、按按键盘的工作,这是由于不了解软件测试的具体技术和方法而造成的。随着软件工程学的发展和软件项目管理经验的提高,软件测试已经形成了一个独立的技术学科,演变成了一个具有巨大市场需求的行业。

软件测试技术不断更新和完善,新工具、新流程和新测试设计方法都在不断更新,需要掌握和学习很多测试知识。所以,具有编程经验的程序员不一定是一名优秀的软件测试工程师。软件测试包括测试技术和管理两个方面,完全掌握这两个方面的内容,需要具有很多测试实践经验和不断的学习。

4. 误区之四:软件测试是测试人员的事情,与程序员无关

开发和测试是相辅相成的过程,需要软件测试人员、程序员和系统分析师等保持密切的联系,需要更多的交流和协调,以便提高测试效率。另外,对于单元测试主要由程序员完成,必要时测试人员可以帮助设计测试用例。对于测试中发现的错误,很多需要程序员通过修改编码才能修复。程序员可以通过有目的地分析软件错误的类型、数量,找出产生错误的位置和原因,以便在今后的编程中避免发生同样的错误,积累编程经验,提高编程能力。

5. 误区之五:项目进度吃紧时少做些测试,时间富裕时多做些测试

这是不重视软件测试的表现,也是软件项目过程管理混乱的表现,必然会降低软件测试的质量。一个软件项目的顺利实现需要有合理的项目进度计划,其中包括合理的测试计划,对项目实施过程中的任何问题,都要有风险分析和相应的对策,不要因为开发进度的改变而影响测试时间、人力和资源。因为缩短测试时间所带来的测试不完整,对项目质量的下降具有潜在风险,往往造成更大的浪费。克服这种现象的最好办法是加强软件过程的计划和控制,包括软件测试计划、测试设计、测试执行、测试度量和测试控制。

6. 误区之六:软件测试是没有前途的工作,只有程序员才是软件高手

由于我国软件整体开发能力比较低,软件开发过程很不规范,很多软件项目的开发都还停留在"作坊"式和"垄鸡窝"式阶段。项目的成功往往靠个别全能程序员决定,他们负责总体设计和程序详细设计,认为软件开发就是编写代码,给人的印象往往是程序员是真正的牛人,具有很高的地位和待遇。因此,在这种环境下,软件测试很不受重视,软件测试人员的地位和待遇自然就很低了,甚至软件测试变得可有可无。随着市场对软件质量要求的不断提高,软件测试将变得越来越重要,相应的软件测试人员的地位和待遇也会逐渐提高。在软件开发过程比较规范的大公司,软件测试人员的数量和待遇与程序员没有多大差别,优秀测试人员的待遇甚至比程序员还要高。软件测试是一个具有很大发展前景的行业,市场需要更多具有丰富测试技术和管理经验的测试人员,他们同样是软件专家。

1.3　软件测试前景

随着软件产业的发展,软件产品的质量控制与质量管理正逐渐成为软件企业生存与发展的核心。几乎每个大中型 IT 企业的软件产品在发布前都需要大量的质量控制、测试和文档工作,而这些工作必须依靠拥有娴熟技术的专业软件人才来完成。软件测试工程师就在企业中扮演着这样一个重头角色。据招聘网站 51job 数据显示,软件测试工程师将成为最紧缺的人才,该类职位的需求主要集中在发达城市,其中北京、上海的需求量分别占 33% 和 29%。同一时间中华英才网发布了最新一期的 IT 职场人气排行榜,IT 人才仍是企业需求量最大的人群,其中软件测试工程师、高级程序员、产品项目经理等高级职位进入"三甲",成为 IT 就业市场最新风向标。作为软件开发流程中的重要一环,软件测试岗位渐渐"浮出水面",并凭借其庞大的人才需求和广阔的职场发展前景日渐成为 IT 职场就业的大热门。测试工程师的工作是利用测试工具按照测试方案和流程对产品进行功能和性能测试,甚至根据需要编写不同的测试用例,设计和维护测试系统,对测试方案可能出现的问题进行分析和评估。对软件测试工程师而言,必须具有高度的工作责任心和自信心。任何严格的测试必须是一种实事求是的测试,因为它关系到一个产品的质量问题,而测试工程师则是产品面世前的把关人,所以,没有专业的技术水准是无法胜任这项工作的。同时,由于测试工作一般由多个测试工程师共同完成,并且测试部门一般要与其他部门的人员进行较多的沟通,因此要求测试工程师不但要有较强的技术能力,而且要有较强的沟通能力。

1.4　软件测试相关术语

1.软件测试

软件测试是根据软件开发各阶段的规格说明和程序的内部结构而精心设计一批测试用例,并利用这些测试用例运行软件,以发现软件错误的过程。

2.测试用例

测试用例是指对一项特定的软件产品进行测试任务的描述,体现测试方案、方法、技术和策略的文档,内容包括测试目标、测试环境、输入数据、测试步骤、预期结果及测试脚本等。

3.测试计划

测试计划是指对软件测试的对象、目标、要求、活动、资源及日程进行整体规划,以保证软件系统的测试能够顺利进行的计划性文档。

4.测试对象

测试对象是指在特定环境下运行的软件系统和相关的文档。作为测试对象的软件系统可以是整个业务系统,也可以是业务系统的一个子系统或一个完整的部件。

5.测试流程

测试流程是指为了保证测试质量而精心设计的一组科学、合理、可行的有序活动。比较典型的测试流程一般包括制订测试计划、编写测试用例、执行测试、跟踪测试缺陷、编写《测试报告》等活动。

6.测试评估

测试评估是指对测试过程中的各种测试现象和结果进行记录、分析和评价的活动。

7.《测试报告》

《测试报告》是一份有关本次测试的总结性文档,主要记录有关本次测试的目的、测试结果、评估结果及测试结论等信息。

8.测试环境

测试环境是指对软件系统进行各类测试时基于的软、硬件设备和配置,一般包括硬件环境、网络环境、操作系统环境、应用服务器平台环境、数据库环境及各种支撑环境等。

9.白盒测试

白盒测试又称结构测试,是指基于一个应用代码的内部逻辑知识,即基于覆盖全部代码、分支、路径、条件的测试。

10. 黑盒测试

黑盒测试又称功能测试,是指基于需求和功能性的测试,而不是基于内部设计和代码的任何知识的测试。

11. 单元测试

单元测试又称模块测试,是指针对程序模块(软件设计的最小单位)来进行正确性检验的测试工作。

12. 集成测试

集成测试又称组装测试,是指对程序模块采用一次性或增值方法组装起来,对模块间接口进行正确性检验的测试工作。

13. 系统测试

系统测试是指将通过集成测试的软件系统或子系统,作为基于计算机系统的一个元素,与计算机硬件、外设、某些支持软件、数据和人员等其他系统元素组合在一起所进行的测试工作,目的在于通过与系统的需求定义做比较,发现软件与系统定义不符合或与之矛盾的地方。

14. 确认测试

确认测试又称有效性测试,是指在模拟(或正式)的生产环境下,运用黑盒测试方法,验证所测软件是否满足用户需求说明书中所列出的需求。

15. 功能测试

功能测试是指为了保证软件系统功能实现的正确性、完整性及其他特性而进行的测试。

16. 性能测试

性能测试是指为了评估软件系统的性能状况和预测软件系统的性能趋势而进行的测试和分析。

17. 并发

狭义的并发指所有用户在同一时刻做的同一件事情或者操作。广义的并发指尽管多个用户对系统发出了请求或进行了操作,但这些操作可以是相同的,也可以是不同的。

18. 并发用户数量

并发用户数量是指在同一时刻与服务器进行交互的在线用户数量。其公式为

$$并发用户数量 = 在线用户数量 \times (5\% \sim 20\%)$$

19. 响应时间

响应时间是指从客户端发送一个请求开始计时,到客户端接到从服务器端返回的响应结果结束计时所经历的时间。响应时间由网络传输时间、服务器处理时间和浏览器显示时间组成。

20. 吞吐量及吞吐率

吞吐量是一次性能测试过程中网络上传输的数据量的总和。吞吐率是吞吐量与传输时

间的比值。吞吐率是性能测试的重要指标。

21. TPS

TPS(Transaction per second)是指每秒钟系统能够处理交易或事务的数量。它是性能测试的重要指标。

22. 点击率

点击率是指每秒钟用户向 Web 服务器提交的 http 请求数。注意:它不是用户点击鼠标的次数。

23. 资源利用率

资源利用率是指系统资源的使用程度。资源利用率主要针对 Web 服务器、操作系统、数据库服务器、网络等,是测试和分析瓶颈的主要参数。

24. 测试场景

测试场景是根据性能要求定义的,在每个测试会话运行期间发生的时间。

25. 虚拟用户

虚拟用户是指模拟实际用户的操作来使用应用程序。

26. 事务

事务是要度量的一个操作或一组操作。

27. 交易

交易分为业务层面交易和技术层面交易。业务层面交易是指完成一次业务操作,如一次查询。技术层面交易是指应用程序到应用程序、应用程序到数据库的系统操作。

28. 性能计数器

性能计数器是描述服务器或操作系统性能的一些数据指标。

29. 思考时间

思考时间是指用户在进行操作时,每个请求之间的间隔时间。

习　　题

一、选择题

1. 软件测试的目的是(　　　)。

A. 试验性运行软件　　　　　　　　　B. 发现软件的错误

C. 证明软件是正确的　　　　　　　　D. 找出软件中的全部错误

2. 测试的关键问题是(　　　)。

A. 如何组织软件评审　　　　　　　　B. 如何选择测试用例

C. 如何验证程序的正确性　　　　　　D. 如何采用综合策略

3. 程序的 3 种基本结构是(　　　)。

A. 过程子、程序、分程序　　　　　　B. 顺序、选择、循环

C. 递归、堆栈、队列　　　　　　　　D. 调用、返回、转移

4. 为了提高软件测试的效率,应该( )。

A. 随机地选取测试数据

B. 取一切可能的输入数据作为测试数据

C. 在完成编码以后制订软件的测试计划

D. 选择发现错误可能性最大的数据作为测试用例

5. 下列说法正确的是( )。

A. 经过测试没有发现错误,说明程序正确

B. 测试的目标是为了证明程序没有错误

C. 成功的测试是发现了迄今尚未发现的错误的测试

D. 成功的测试是没有发现错误的测试

二、简答题

1. 简述软件工程与软件测试的联系。

2. 测试的策略有哪些?

3. 为什么要在一个团队中开展软件测试工作?

4. 一套完整的测试应该由哪些阶段组成? 分别阐述一下各个阶段的具体操作。

5. 一名优秀的测试工程师需要哪些素质?

6. 谈谈软件测试人员职业发展状况。

第2章 软件测试过程模型的分类及其流程

2.1 软件测试过程模型

软件工程发展到今天已经相对成熟,目前主流的软件开发过程模型主要有瀑布模型、原型模型、螺旋模型、增量模型、渐进模型、快速应用开发(Rapid Application Development, RAD)以及 Rational 统一过程(Rational Unified Process, RUP)等,这些模型对于软件开发过程具有很好的指导作用。但是非常遗憾的是,在这些过程中,并没有充分强调测试的价值,也没有给测试以足够的重视,利用这些模型显然无法更好地指导软件测试实践和保证软件质量。软件测试是与软件开发密切相关的一系列有计划的系统性活动,显然它也需要用测试模型去指导实践。下面对已有的主要的软件测试过程模型做一些简单的介绍。

1. V 模型

V 模型是最具有代表性的测试模型。在传统的开发模型中,比如瀑布模型,人们通常把测试过程作为在需求分析、概要设计、详细设计和编码全部完成后的一个阶段,尽管有时测试工作会占用整个项目周期一半的时间,但是有人仍然认为测试只是一个收尾工作,而不是主要过程。V 模型的推出就是对此种认识的改进。V 模型(图2.1)是软件开发瀑布模型的变种,它反映了测试活动与分析和设计的关系,从左到右,描述了基本的开发过程和测试行为,非常明确地标明了测试过程中存在的不同级别,并且清楚地描述了这些测试阶段和开发过程期间各阶段的对应关系。图2.1 中的箭头代表时间方向,左边下降部分表示开发过程的各个阶段,与此相对应的是右边上升部分,即测试过程的各个阶段。

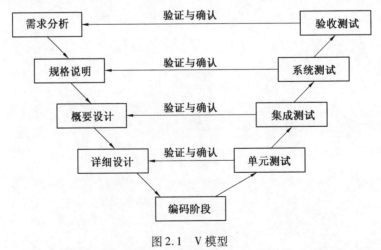

图2.1 V 模型

V 模型的软件测试策略既包括低层测试,又包括高层测试。低层测试的目的是保证源代码的正确性,高层测试的目的是使整个系统满足用户的需求。

V模型指出,单元测试和集成测试是验证程序设计,开发人员和测试组应检测程序的执行是否满足软件设计的要求;系统测试应当验证系统设计,检测系统功能、性能的质量特性是否达到系统设计的指标;由测试人员和用户对软件进行确认测试和验收测试,根据软件需求说明书进行测试,以确定软件的实现是否满足用户需求或合同要求。

V模型存在一定的局限性,它仅仅把测试过程作为在需求分析、概要设计、详细设计及编码之后的一个阶段,容易让人理解为测试是软件开发的最后一个阶段,主要是针对程序进行测试来寻找错误,而需求分析阶段隐藏的问题一直到后期的验收测试才能被发现。

2. W 模型

在 V 模型中增加软件各开发阶段应同步进行的测试,被演化为一种 W 模型,因为实际上开发是"V"模型,测试也是与此相并行的"V"模型。基于"尽早地和不断地进行软件测试"的原则,在软件的需求和设计阶段的测试活动应遵循 IEEEstd1012-1998《软件验证和确认(V&V)》的原则。一个基于 V&V 原则,W 模型示意图如图 2.2 所示。

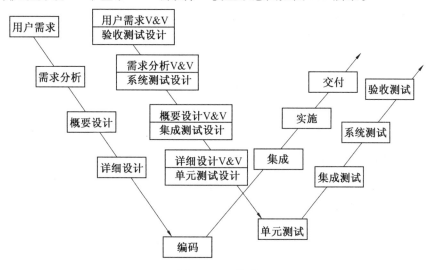

图 2.2　W 模型

W 模型可以说是 V 模型自然而然的发展,比 V 模型更科学。它强调:测试伴随着整个软件开发周期,而且测试的对象不仅仅是程序,需求、功能和设计同样需要测试。这样,只要相应地完成开发活动,就可以开始执行测试,可以说,测试与开发是同步进行的,从而有利于尽早地发现问题。以需求为例,需求分析一完成,就可以对需求进行测试,而不是等到最后才进行针对需求的验收测试。

如果测试文档能尽早提交,就有了更多检查和检阅的时间,这些文档还可用于评估开发文档。另外还有一个很大的益处是,测试者可以在项目中尽可能早地面对规格说明书中的挑战。这意味着测试不仅仅用来评定软件的质量,还可以尽可能早地找出缺陷所在,从而帮助改进项目内部的质量。参与前期工作的测试者可以预先估计问题和难度,这将显著减少总体测试时间,加快项目进度。

根据 W 模型的要求,一旦提供文档,就要及时确定测试条件以及编写测试用例,这些工作对测试的各阶段都有意义。当需求被提交后,就需要确定高级别的测试用例来测试这些需求。当概要设计编写完成后,就需要确定测试条件来查找该阶段的设计缺陷。

W 模型也具有局限性。W 模型和 V 模型都把软件的开发视为需求、设计、编码等一系列串行的活动。同样,软件开发和测试保持一种线性的前后关系,需要有严格的指令表示上一阶段完全结束,才可以正式开始下一个阶段,这样就无法支持迭代、自发性以及变更调整。当前很多文档需要事后补充,或者在根本没有文档的做法下(这已成为一种开发模式),开发人员和测试人员都面临同样的困惑。

3.H 模型

如前所述,V 模型和 W 模型都把软件的开发视为需求、设计、编码等一系列串行的活动,而事实上,虽然这些活动之间存在相互牵制的关系,但在大部分时间内,它们是可以交叉进行的。虽然软件开发期望有清晰的需求、设计和编码阶段,但实践告诉我们,严格的阶段划分只是一种理想状况。试问有几个软件项目是在有了明确的需求之后才开始设计的呢?所以,相应的测试之间也不存在严格的次序关系。同时,各层次之间的测试也存在反复触发、迭代和增量关系。

H 模型将测试活动完全独立出来,形成一个完全独立的流程,将测试准备活动和测试执行活动清晰地体现出来。H 模型的简单示意图如图 2.3 所示。

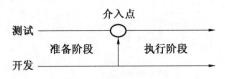

图 2.3　H 模型的简单示意图

图 2.3 仅仅演示了在整个生产周期中某个层次上的一次测试"微循环"。其他流程可以是任意开发流程,如设计流程和编码流程;也可以是其他非开发流程,如 SQA 流程,甚至是测试流程自身。也就是说,只要测试条件成熟,完成测试准备活动,就可以(或者说需要)进行测试执行活动。

概括地说,H 模型揭示了以下几点:

(1)软件测试不仅仅指测试的执行,还包括很多其他活动。

(2)软件测试是一个独立的过程,贯穿产品整个生命周期,与其他流程并发进行。

(3)软件测试要尽早准备、尽早执行。

(4)软件测试是根据被测软件的不同而分层次进行的。不同层次的测试活动可以是按照某个次序先后进行的,但也可以是反复进行的。

在 H 模型中,软件测试模型是一个独立的流程,贯穿于整个产品生产周期,与其他流程并发进行。当某个测试时间点就绪时,软件测试即从测试准备阶段进入测试执行阶段。

4.X 模型

Marick 对 V 模型提出了质疑,原因在于 V 模型是基于一套必须按照一定顺序严格排列的开发步骤,而这很可能并没有反映实际的实践过程。因为在实践过程中,很多项目缺乏足够的需求,而 V 模型是从需求处理开始的。

Marick 也质疑了单元测试和集成测试的区别,因为在某些场合人们可能会跳过单元测试而热衷于直接进行集成测试。他担心人们盲目地学习"学院派的 V 模型",按照 V 模型所指导的步骤进行工作,而实际上其某些做法并不切合实际。

因此 Marick 提出 X 模型(图 2.4),其目的是弥补 V 模型的一些缺陷。

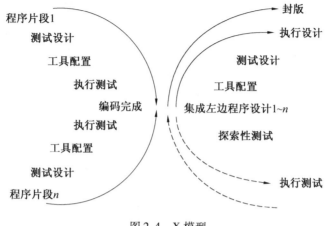

图 2.4　X 模型

如图 2.4 所示,X 模型左边描述的是针对单独程序片段所进行的相互分离的编码和测试,此后将进行频繁地交接,通过集成最终合成为可执行的程序。这一点在图 2.4 的右上方得以体现,而且这些可执行程序还需要进行测试,已通过集成测试的程序可以进行封版并提交给用户,也可以作为更大规模和范围内集成的一部分。

同时,X 模型还定位了探索性测试,即如图 2.4 中右下方所示。这是不进行事先计划的特殊类型的测试,诸如"我这样测一下,结果会怎么样",这一方式往往能帮助有经验的测试人员在测试计划之外发现更多的软件错误。

5. 前置测试模型

前置测试模型(图 2.5)是将测试和开发紧密结合的模型,该模型提供了轻松的方式,可以加快项目进程。

前置测试模型体现了以下特点:

(1)开发和测试相结合。前置测试模型将开发和测试生命周期整合在一起,标识项目生命周期从开始到结束之间的关键行为,并且标识这些行为在项目周期中的价值所在。如果其中有些行为没有得到很好地执行,那么项目成功的可能性就会因此而有所降低。如果有业务需求,则测试有助于系统开发。我们认为在没有业务需求的情况下进行开发和测试是不可能的。而且业务需求最好在设计和开发之前就被确定。

(2)对每个交付内容进行测试。每个交付的开发结果都必须通过一定的方式进行测试。源程序代码并不是唯一需要测试的内容,还应包括可行性报告、业务需求说明及系统设计文档等。这同 V 模型中开发和测试的对应关系是一致的,并且在其基础上有所扩展,变得更为明确。

(3)在设计阶段进行测试计划和测试设计。设计阶段是做测试计划和测试设计的最好时机。很多组织要么根本不做测试计划和测试设计,要么在即将开始执行测试之前飞快地完成测试计划和测试设计。在这种情况下,测试只是用来验证程序的正确性,而不是用来验证整个系统本该实现的功能。

(4)测试和开发相结合。前置测试模型将测试和开发结合在一起,并在开发阶段以编

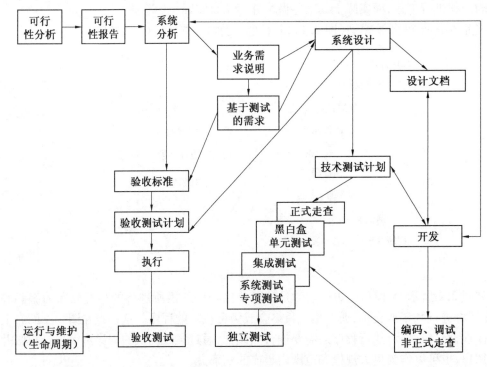

图 2.5　前置测试模型

码—测试—编码—测试的方式来体现。也就是说,程序片段一旦编写完成,就会立即进行测试。一般情况下,先进行的测试是单元测试,因为开发人员认为通过测试来发现错误是最经济的方式。但也可参考 X 模型,即一个程序片段也需要相关的集成测试,甚至有时还需要一些特殊的测试。对于一个特定的程序片段,其测试的顺序可以按照 V 模型的规定,但其中还会交织一些程序片段的开发,而不是按阶段完全隔离。

(5)验收测试和技术测试保持相对独立。验收测试应独立于技术测试,这样可以提供双重保险,以保证设计及程序编码能够符合最终用户的要求。验收测试既可以在实施的第一步执行,也可以在开发阶段的最后一步执行。前置测试模型提倡验收测试和技术测试沿循两条不同的路线来进行,每条路线分别验证系统是否能够按预期设想的那样正常工作。这样,当单独设计好的验收测试完成了系统验证时,即可确信这是一个正确的系统。

6. 小结

通过对典型测试模型的介绍,可以了解到这些模型对指导测试工作具有重要的意义,但任何模型都不是完美的。我们应该尽可能地去应用模型中对项目有实用价值的方面,在合适的项目中使用合适的测试模型,也可以使用多种模型相结合,不要生硬地为了使用模型而使用模型,因为软件测试的最终目的还是为了保证软件质量。

在这些模型中,V 模型强调了在整个软件项目开发中需要经历的若干个测试级别,而且每个级别都与一个开发级别相对应,但它忽略了测试的对象不应该仅仅包括程序,或者说它没有明确地指出应该对软件的需求、设计进行测试,而这一点在 W 模型中得到了补充。W 模型强调了测试计划等工作的先行核对系统需求和系统设计的测试,但 W 模型和 V 模型一样也没有专门对软件测试流程予以说明,因为事实上,随着软件质量要求越来越为人们所重视,软件测试也逐步发展成为一个独立于软件开发部的组织,就每个软件测试的细节而言,它都有一个独立的操作流程。比如第三方测试,就包含了从测试计划和测试用例编写,到测试实施以及测试报告编写的全过程,这个过程在 H 模型中得到了相应的体现,表现为测试是独立的。也就是说,只要测试前提具备了,就可以开始进行测试了。当然,X 模型和前置测试模型又在此基础上增加了对许多不确定因素的处理情况,因为在真实项目中,经常会发生变更,例如需要重新访问前一阶段的内容,或者跟踪并纠正以前提交的内容,修复错误,排除多余的成分以及增加新发现的功能等。

　　因此,在实际工作中,我们要灵活地运用各种模型的优点,在 W 模型的框架下,运用 H 模型的思想进行独立地测试,并同时将测试与开发紧密结合,寻找恰当的就绪点开始测试并反复迭代测试,最终保证按期完成软件开发预定目标,并保证软件质量。

2.2　软件测试的分类

　　软件测试是一项复杂的系统工程,从不同的角度考虑可以有不同的划分方法,对测试进行分类是为了更好地明确测试的过程,了解测试究竟要完成哪些工作,尽量做到全面测试。从不同的角度,可以把软件测试技术分成不同的种类。

2.2.1　按技术分类

1. 黑盒测试

　　黑盒测试也称功能测试或数据库驱动测试,检查程序各种外在表现是否符合要求,是基于规格说明书的测试。

2. 白盒测试

　　白盒测试也称结构测试或逻辑驱动测试,检查程序代码是否符合规范及逻辑是否正确,是基于程序本身的测试。

3. 灰盒测试

　　灰盒测试介于黑盒测试和白盒测试之间,是利用两种测试的特征而进行的测试。

4. 静态测试

　　静态测试不运行程序,只对程序或文档进行分析与检查。

5. 动态测试

　　动态测试是运行程序,输入相应的测试用例,检查预期结果与实际结果的差异,判定实际结果是否符合要求。

2.2.2　按测试方式分类

1. 白盒测试

　　白盒测试是指基于一个应用代码的内部逻辑知识,即基于覆盖全部代码、分支、路径、条件的测试。它是指导产品内部工作过程,可通过测试来检测产品内部动作是否按照规格说明书的规定正常进行,按照程序内部的结构测试程序,检验程序中的每条通路是否都能按预定要求正确工作,而不顾其功能。白盒测试的主要方法有逻辑驱动、基路测试等,主要用于软件验证。白盒测试需全面了解程序内部的逻辑结构,并对所有逻辑路径进行测试。白盒测试是穷举路径测试。在使用时,测试者必须检查程序的内部结构,从检查程序的逻辑着手,得出测试数据。贯穿程序的独立路径数是天文数字,但即使测试每条路径,仍然可能存在错误。其原因是:①穷举路径测试无法查出程序违反了设计规范,即程序本身就是个错误的程序;②穷举路径测试无法查出程序中因遗漏路径而出的错;③穷举路径测试可能发现不了一些与数据相关的错误。

白盒测试通常可以借助一些工具来完成,如 JUnit Framework、Jtest 等。

2. 黑盒测试

黑盒测试是指不基于内部设计和代码的任何知识,而基于需求和功能性的测试。它是在已知产品所应具有的功能基础上,通过测试来检测每个功能是否都能正常使用,在测试时,把程序看作一个不能打开的黑盒子,在完全不考虑程序内部结构和内部特性的情况下,测试者在程序接口进行测试,它只检查程序功能是否按照需求规格说明书的规定正常使用,程序是否能适当地接收输入数据而产生正确的输出信息,并且保持外部信息(如数据库或文件)的完整性。黑盒测试主要有等价类划分、边值分析、因果图、错误推测等,主要用于对软件进行确认测试阶段。黑盒测试着眼于程序外部结构,不考虑内部逻辑结构,针对软件界面和软件功能进行测试。黑盒测试是穷举输入测试,只有把所有可能的输入都作为测试情况使用,才能以这种方法查出程序中所有的错误。实际上测试情况有无穷多个,测试人员不仅要测试所有合法的输入,还要对那些不合法但是可能的输入进行测试。

黑盒测试也可以借助一些工具来完成,如 WinRunner、QuickTestPro、Rational Robot 等。

3. ALAC(Act-Like-a-Customer)测试

ALAC 测试是一种基于客户使用产品的知识开发出来的测试方法。ALAC 测试最大的受益者是用户,基于复杂的软件产品存在许多错误,ALAC 测试中缺陷查找和改正将针对客户最容易遇到的那些错误。

2.2.3　按测试阶段分类

1. 单元测试

单元测试是对软件中的基本组成单位进行测试,如一个模块、一个过程等。它是软件动态测试最基本的部分,也是最重要的部分之一。其目的是检验软件基本组成单位的正确性。因为单元测试需要知道内部程序设计和编码的细节,一般应由程序员而非测试员来完成,往往需要开发测试驱动模块和桩模块来辅助完成单元测试。因此应用系统拥有一个完好的体系结构就显得尤为重要。

一个软件单元的正确性是相对于该单元的规约而言的,因此,单元测试以被测试单位的规约为基准。单元测试的主要方法有控制流测试、数据流测试、排错测试及分域测试等。

2. 集成测试

集成测试是在软件系统集成过程中所进行的测试,其主要目的是检查软件单位之间的接口是否正确。它根据集成测试计划,一面将模块或其他软件单位组合成越来越大的系统;一面运行该系统,以分析所组成的系统是否正确,各组成部分是否合拍。集成测试的策略主要有自顶向下和自底向上两种。

3. 系统测试

系统测试是对已经集成好的软件系统进行彻底地测试,以验证软件系统的正确性和性能等是否满足其规约所指定的要求,检查软件的行为和输出是否正确,并非是一项简单的任务,它被称为测试的"先知者问题"。因此,系统测试应该按照测试计划进行,其输入、输出和其他动态运行行为应该与软件规约进行对比。软件系统的测试方法很多,主要有功能测试、性能测试、随机测试等。

4. 验收测试

验收测试指在向软件的购买者展示该软件系统是否满足其用户的需求时所进行的测试。它的测试数据通常是系统测试的测试数据的子集。所不同的是,验收测试时常常有软件系统的购买者代表在现场,甚至是在软件安装使用的现场。这是软件在投入使用前的最后一次测试。

5. 回归测试

回归测试是在软件维护阶段对软件进行修改之后进行的测试。其目的是检验对软件进行的修改是否正确。这里,修改的正确性有两种含义:一是所做的修改达到了预期目的,若错误得到改正,则能够适应新的运行环境等;二是不影响软件的其他功能的正确性。

6. α 测试

α 测试指在系统开发接近完成时对应用系统的测试,测试后,仍然会有少量的设计变更。这种测试一般由最终用户或其他人员完成,开发人员和测试人员在场,但不能由程序员或测试员完成。

7. β 测试

β 测试是开发和测试完成时所做的测试,而最终的错误和问题需要在最终发行前找到。这种测试一般由最终用户或其他人员完成,而不能由程序员或测试员完成。

2.2.4　按测试内容分类

1. 功能测试

功能测试基于需求和功能,检查软件是否达到原定的功能标准而不必理会软件内部的结构,即代码的实现。

2. 性能测试

性能测试着重于软件的运行速度、负荷、兼容性、健壮性(容错能力/恢复能力)、安全性及可靠性等。

3. 接口测试

接口测试是程序员对各个模块进行系统联调测试,包含程序内接口测试和程序外接口测试。接口测试在单元测试阶段进行了一部分工作,而大部分工作都是在集成测试阶段完成的,由开发人员进行测试。

2.3　软件测试的流程

从一个软件企业的长远发展来看,如果要提高产品的质量首先应从流程抓起,规范软件产品的开发过程。这是一个软件企业从小作坊的生产方式向集成化、规范化的大公司迈进的必经之路,也是从根本上解决质量问题、提高工作效率的一个关键手段。软件测试的流程如图 2.6 所示。

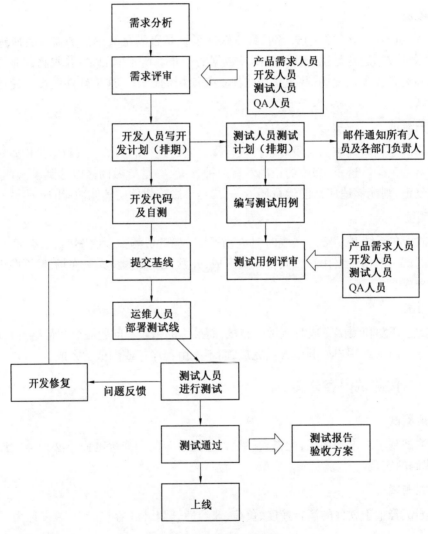

图 2.6　软件测试的流程

软件测试的具体流程描述如下:

1. 需求分析

需求分析由产品人员制订,他们要做的不是一份简单的文档,而是细化每个功能的细节及每个按钮的位置,对稍大或复杂一点的需求都要进行建模。

2. 需求评审

需求评审要求项目开发的所有人员参与,包括开发人员、测试人员、QA 人员等 。测试人员提出需求,开发人员考虑功能实现的方案与可行性。测试人员主要是对需求的理解提出疑问,以便根据需求写用例。QA 人员是最终对软件质量进行验证的人,所以也需要了解需求。

3. 开发人员编写排期

开发人员根据需求的功能点进行排期,然后将计划转交给测试人员。

4. 测试计划排期

测试人员首先根据开发计划安排具体的测试时间,即开发功能完成后的时间,进行几轮测试。然后把项目的开发与测试计划发送给各部门负责人以及参与项目开发的所有人员。

5. 编写测试用例

测试人员根据详细的需求分档,开始编写测试用例。

6. 用例评审

在测试用例进行评审之前,先以邮件的形式将用例发送给相关人员,以便他们事先了解用例对哪些功能进行验证以及验证的细节。

然后,测试人员组进行用例评审,如开发人员发现测试用例与实际功能有哪些不符合,产品人员是否能通过用例对功能的具体实现进行把握等。

7. 提交基线

开发人员完成所有功能的开发后,会对其进行自测。自测完成后提交测试人员进行基线设定。

8. 具体测试流程

测试人员对于提交到基线的功能进行测试,将发现的问题通过缺陷管理工具进行反馈,开发人员对问题进行修复,准备第二轮测试。

测试人员完成第一轮测试后,需要写测试结论,发给相关人员,然后进行基线后的第二轮测试,第二轮会对第一轮中发现的问题进行重点回归测试。

9. 测试通过

经过 2~4 轮的测试,直到没发现新的问题,或暂时无法解决,或不紧急的问题。通过上级确认,可以通过测试。编写测试报告与验收方案。

验收方案是交由 QA 进行验证的。有些公司的流程是将测试与 QA 分开的,测试人员重点关注功能是否可以正常运行,而 QA 关注的是整个流程的质量及交付最终用户的质量。有些公司则不区分 QA 与测试,但这对测试的要求会更高,除了关心功能,还要关心整体流程与质量。

2.3.1　测试计划及分析

测试计划是对每个产品或对各个开发阶段的产品开展测试的策略。

测试计划的目的是用来识别任务、分析风险、规划资源和确定进度。计划并不是一张时间进度表,而是一个动态的过程,最终以系列文档的形式确定下来。拟定软件测试计划需要测试项目管理人员的积极参与,这是因为主项目计划已经确定了整体项目的一个时间框架,软件测试作为阶段性工作必须服从主项目计划和资源上的约定。

一般来说,一个完整的测试计划应该包含以下几个方面:

(1)对测试范围(即测试活动需要覆盖的范围)的界定。

(2)风险的确定。

(3)资源的规划。

(4)时间表的制订。

具体可以参考附录1。

2.3.2　测试用例设计

设计测试阶段要设计测试用例和测试过程,要保证测试用例完全覆盖测试需求。设计测试阶段最重要的是如何将测试需求分解以及如何设计测试用例。

在设计测试用例时,首先分解测试内容,对于一个复杂的系统,通常可以分解成几个互相独立的子系统,正确划分这些子系统及其逻辑组成部分相互间的关系,可以降低测试的复杂性,减少重复和遗漏,也便于设计和开发测试用例,有效地组织测试,将系统分析人员的开发分析文档加工成以测试为角度的功能点分析文档,重要的是对系统分解后每个功能点逐一地校验描述,包括何种方法测试、何种数据测试、期望测试结果等。然后以功能点分析文档作为依据进行测试用例的设计,设计测试用例是关系到测试效果乃至软件质量的关键性一步,也是一项非常细致的工作,根据对具体的被测系统的分析和测试要求,逐步细化测试的范围和内容,设计具体的测试过程和数据,同时将结果写成可以按步执行的测试文档。每个测试用例必须包括以下几个部分:

(1)标题和编号。

(2)测试的目标和目的。

(3)输入和使用的数据及操作过程。

(4)期望的输出结果。

(5)其他特殊的环境要求、次序要求、时间要求等。

对测试需求进行分解需要反复检查并理解各种信息,与用户交流,了解他们的要求。可以按照以下步骤执行:

(1)确定软件提供的主要任务。

(2)确定完成每个任务所要进行的工作。

(3)确定从数据库信息引出的计算结果。

(4)对时间有要求的交易,确定所要的时间和条件。

(5)确定会产生重大意外的压力测试,包括内存、硬盘空间及交易率。

(6)确定应用需要处理的数据量。

(7)确定需要的软件和硬件配置。

(8)确定其他与应用软件没有直接关系的商业交易。

(9)确定安装过程。

(10)确定没有隐含在功能测试中的用户对软件界面的要求。

　　测试用例一般指对一项特定的软件产品进行测试任务的描述,体现测试方案、方法、技术和策略。值得一提的是,测试数据都是从数量极大的可用测试数据中精心挑选出具有代表性或特殊性的数据。测试用例是软件测试系统化、工程化的产物,而其设计一直是软件测试工作的重点和难点。

　　设计测试用例即设计针对特定功能或组合功能的测试方案,并编写成文档。测试用例应该体现软件工程的思想和原则。

　　传统的测试用例文档编写有如下两种方式:

　　(1)填写操作步骤列表。将在软件上进行的操作步骤详细地记录下来,包括所有被操作的项目和相应的值。

　　(2)填写测试矩阵。将被操作项作为矩阵中的一个字段,而矩阵中的一条条记录则是这些字段的值。

　　评价测试用例的好坏有以下两个标准:

　　(1)是否可以发现尚未发现的软件缺陷。

　　(2)是否可以覆盖全部的测试需求。

　　具体软件测试用例设计模板可以参考附录2。

2.3.3　测试实施

　　测试实施是指准备测试环境、获得测试数据、创建测试数据、确定实际测试数据以及编写测试脚本的过程。

1. 准备测试环境

　　(1)测试技术准备。

　　(2)配置软件和硬件环境。

2. 获得测试数据

　　(1)正常事务的测试。

　　(2)使用无效数据的测试。

3. 创建测试数据时要考虑的内容

　　(1)识别测试资源。

　　(2)识别测试情形。

　　(3)执行测试情形。

　　(4)正确的处理结果。

　　(5)测试事务。

4. 确定实际的测试数据时必须说明被测试数据的属性

　　(1)深度。

　　(2)宽度。

　　(3)范围。

　　(4)结构。

5. 编写测试脚本

编写测试脚本是完整的一系列相关终端的活动。一般测试脚本有 5 个级别:①单元脚本,用于测试特定单元/模块的脚本;②并发脚本,用于当两个或多个用户同时访问同一文件时测试的脚本;③集成脚本,用于确定各模块是否可以恰当连接;④回归脚本,用于确定系统未改变的部分在系统改变时是否改变;⑤强度/性能脚本,用于验证系统在被施加大量事务时的性能。

(1)测试脚本的结构。

为了提高测试脚本的可维护性和可复用性,必须在执行测试脚本之前对它们进行构建。

(2)记录技术。

为了使测试脚本获得更高的可维护性,应该以最不易受测试对象变化影响的方式来记录测试脚本。

(3)数据驱动的测试。

许多测试过程包括在给定的数据输入屏幕内输入几组字段数据,检查字段,确认功能、错误处理等。

(4)测试脚本同步和时间安排。

当进行重点测试时,通常需要同步测试脚本以便它们在预先确定的时间启动。

(5)测试和调试测试脚本。

在记录测试脚本的同一测试软件上执行这些最近记录的测试脚本时,不应该发生任何错误。

2.3.4　执行测试

执行测试是执行所有的或选定的一些测试用例,并观察其测试结果的过程。尽管为执行测试所做的准备和计划工作会贯穿于软件开发生命周期之中,但是执行测试往往都会在软件开发生命周期的末期或者接近末期进行,即在编码完成之后进行。测试过程一般分为代码审查、单元测试、集成测试、系统测试和验收测试等几个阶段,尽管这些阶段在实现细节方面都不相同,但其工作流程却是一致的。

执行测试的过程由以下 4 个部分组成。

(1)输入。要完成工作所必需的入口标准或可交付的结果。

(2)执行过程。从输入到输出的过程或工作任务。

(3)检查过程。确定输出是否满足标准的处理过程。

(4)输出。输出由标准或工作流程产生的可交付的结果。

执行测试过程如图 2.7 所示。

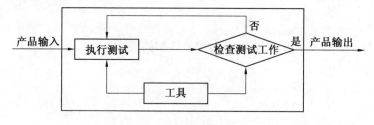

图 2.7　执行测试过程

2.3.5 测试评测

软件测试的主要评测方法包括覆盖评测、质量评测和性能评测。

1.覆盖评测

覆盖评测是对测试完全程度的评测,它由测试需求和测试用例的覆盖或已执行代码的覆盖表示。覆盖指标提供了"测试的完全程度如何"这一问题的答案。最常用的覆盖评测是基于需求的测试覆盖和基于代码的测试覆盖。简而言之,测试覆盖是就需求(基于需求的)或代码的设计/实施标准(基于代码的)而言的完全程度的任意评测,如用例的核实(基于需求的)或所有代码行的执行(基于代码的)。

2.质量评测

质量评测是对测试对象(系统或测试的应用程序)的可靠性、稳定性以及其他性能的评测,它建立在对测试结果的评估和对测试过程中确定的变更请求(缺陷)分析的基础上。

3.性能评测

评估测试对象的性能行为时,可以使用多种评测,这些评测侧重于获取与行为相关的数据,如响应时间、计时配置文件、执行流、操作可靠性和限制等。

2.3.6 测试总结报告

执行阶段结束后进入测试评估阶段,测试人员会给出一个总的测试报告,对测试过程和版本的质量进行详细地评估。

测试总结报告文档的内容:

(1)可以让具体的任务负责人对该次测试中个人负责的模块进行评价,提出相关建议,给出总体的评估。

(2)整体上的 Bug 按照不同等级统计出来。

(3)对项目中测试人力资源的统计(单位:人/天)。

(4)项目中软、硬件资源统计。

(5)提出软件总体的评价。

具体软件项目测试报告模板见附录3。

习　　题

一、选择题

1.超出软件工程范围的测试是(　　)。

A.单元测试　　　　　　　　B.集成测试

C.确认测试　　　　　　　　D.系统测试

2.软件调试的目的是(　　)。

A.找出错误所在并改正　　　B.排除存在错误的可能性

C.对错误性质进行分类　　　D.统计出错的次数

二、简答题

1. 软件测试过程模型都包含哪些？请列举出至少3种模型。

2. 简述软件测试过程模型与软件开发过程模型的区别。

3. 画出软件测试的V模型图，并描述V模型的优缺点。

4. 简述W模型与V模型相似点与不同之处。

5. 简述H模型的具体流程。

6. 软件测试阶段有哪些环节？请具体描述。

7. 简述软件测试的流程，并画出软件测试流程图。

8. 根据自己的理解回答什么是软件测试，软件测试分为哪几个阶段。

第3章 单元测试技术

3.1 引　言

一个特定的开发组织或软件应用系统的测试水平取决于对那些未发现的Bug的潜在后果的重视程度。这种后果的严重程度可以从一个Bug引起的小小的不便到发生多次死机的情况。这种后果可能常常会被软件开发人员所忽视(但是用户可不会这样),这种情况会长期损害这些向用户提交带有Bug的软件开发组织的信誉,并且会导致对未来的市场产生负面影响。相反,一个可靠的软件系统的良好声誉将有助于一个开发组织获取未来的市场。

很多研究成果表明,无论什么时候做出修改都需要进行完整的回归测试,在生命周期中尽早地对软件产品进行测试将使效率和质量都得到最好的保证。Bug发现得越晚,修改它所需的费用就越高,因此从经济角度来看,应该尽可能早地查找和修改Bug。在使修改费用变得过高之前,单元测试是一个在早期抓住Bug的机会。

相比后阶段的测试,单元测试的创建更简单,维护更容易,并且可以更方便地进行重复。从全程的费用来考虑,相比起那些复杂且旷日持久的集成测试,或不稳定的软件系统来说,单元测试所需的费用是很低的。

网上曾有过这样一个调查,调查的内容是"程序员在项目开发中编写单元测试的情况"。调查结果是高达58.3%的程序员一般情况下不写单元测试,只有偶尔的情况才会写;16.6%的程序员从来都不写单元测试;只有很少的一部分程序员会在自己的代码中进行单元测试,并保证测试通过。

虽然这个调查可能会有些片面性,但这也基本反映了国内程序员的开发现状,很少有程序员能够比较认真地去编写单元测试,甚至有的程序员根本就不知道为什么要写单元测试。他们经常会说,公司里不是有测试人员吗,测试应该是他们要做的事,我们的工作只是开发。当然,这些并不是偶然的,那么到底是什么原因导致了程序员对单元测试这么不重视呢?

通过讨论及网上调查,总结如下原因导致程序员对单元测试很排斥或很不以为然。

(1)不知道怎么编写单元测试。

(2)项目没有要求,所以不用编写。

(3)单元测试价值不高,完全是浪费时间。

(4)业务逻辑比较简单,不值得编写单元测试。

(5)项目前期还在尽量写单元测试,但到了项目后期就失控了。

(6)为了完成编码任务,没有足够的时间编写单元测试。编写单元测试会导致不能按时完成编码任务,甚至使项目延期。

以上原因的根本就是对单元测试的不了解,以及对项目的时间进度把控不好,下面对上述观点逐一进行分析。

1. 不知道如何编写单元测试

这个问题的出现在于程序员没有接触过单元测试,同时也没有参与过企业级的代码开发,不知道也不了解单元测试对开发的影响。设想一下,当开发完一个功能模块时,你如何确定模块没有 Bug 呢? 如果涉及具体业务,你会执行 debug 模式,然后一点一点地深入到代码中去查看吗?

2. 项目没有要求,所以不编写

这个问题反映出了一种现象,同时也是一种习惯。项目没有要求,只能说明项目的管理不严格,并不是程序员不编写单元测试的理由。他们在以往的开发中,并没有养成写单元测试的习惯。因此,他们的代码质量无法达到要求,解决此问题的方法是进行有效的单元测试。

3. 单元测试价值不高,完全是浪费时间

这种说法其实是错误的。为什么这么说呢? 在日常的开发中,代码的完成其实并不等于开发成功。如果没有单元测试,那么如何保证代码能够正常运行呢? 测试人员做的只是业务上的集成测试,即黑盒测试,对单个的方法函数是没有办法进行测试的。而且测试出的 Bug 的范围也会很广,根本不能确定 Bug 的范围,还要花时间来确定 Bug 出在什么地方。

4. 业务逻辑比较简单,不值得编写单元测试

所谓的业务逻辑比较简单,其实是相对的。当程序员对某一块业务逻辑很熟悉时,就会认为它很简单。然而,单元测试的必要性不仅在于测试代码的功能是否正确,还在于当其他人了解业务时,能够很快地通过单元测试来熟悉代码的功能,甚至不用去读代码就能够知道它实现哪些功能。因此,写单元测试不仅是解放自己,更方便别人。

5. 项目前期还在尽量写单元测试,但到了项目后期就失控了

这个问题的出现在于对项目的进度、项目中的技术点研究、利用的时间、人员的沟通、业务需求的熟悉程度等没有把控好。这个问题的出现并不是个人的问题,而是反映了项目管理中存在的问题。当然,个人的原因也存在,就是如何在有限的时间里提高编码效率。解决此问题的方法是多做计划,根据实际情况变更计划;多和项目组长、组成员进行沟通;及时反映项目中存在的问题。

6. 为了完成编码任务,没有足够的时间编写单元测试

这个问题的出现在于程序员领取的任务较为复杂,或者自己的编码效率有待提高。其实,开发任务包括编码和单元测试。在领任务的时候,应该根据自身的能力,跟组长或经理沟通好,以便留出一定的测试时间。当然,提高自己的编码效率也是很有必要的。

3.2　单元测试的定义及范畴

3.2.1　单元测试的定义

单元测试(Unit Testing)是指对软件中的最小可测试单元进行检查和验证。对于单元测试中单元的含义,一般来说,要根据实际情况去判定,如 C 语言中单元指一个函数,Java 中单元指一个类,图形化的软件中单元可以指一个窗口或一个菜单等。总体来说,单元就是人为规定的最小的被测功能模块。单元测试是在软件开发过程中要进行的最低级别的测试活动,软件的独立单元将在与程序的其他部分相隔离的情况下进行测试。

在一种传统的结构化编程语言中,比如 C 语言,要进行测试的单元一般是函数或子过程。在像 C++这样的面向对象的语言中要进行测试的基本单元是类。对 Ada 语言来说,开发人员可以选择在独立的过程和函数或在 Ada 包的级别上进行单元测试。单元测试的原则同样被扩展到第四代语言(4GL)的开发中,在这里基本单元被典型地划分为一个菜单或显示界面。

经常与单元测试联系起来的另外一些开发活动包括代码走读(Code Review)、静态分析(Static Analysis)和动态分析(Dynamic Analysis)。静态分析就是对软件的源代码进行研读,查找错误或收集一些度量数据,并不需要对代码进行编译和执行。动态分析就是通过观察软件运行时的动作来提供执行跟踪、时间分析以及测试覆盖度方面的信息。

单元测试(模块测试)是由开发者编写的一小段代码,用于检验被测代码的一个很小的、很明确的功能是否正确。通常而言,一个单元测试是用于判断某个特定条件(或者场景)下某个特定函数的行为。例如,有可能把一个很大的值放入一个有序 list 中去,然后确认该值出现在 list 的尾部,或者有可能会从字符串中删除匹配某种模式的字符,最后确认字符串确实不再包含这些字符。

单元测试是由程序员自己来完成的,最终受益的也是程序员自己。可以这么说,程序员有责任编写功能代码,同时也就有责任为自己的代码编写单元测试。执行单元测试就是为了证明这段代码的行为和程序员期望的一致。

例如,工厂在组装一台电视机之前会对每个元件都进行测试,这就是单元测试。

其实程序员每天都在做单元测试。程序员写一个函数,除了极简单的程序外,一般都要执行,查看功能实现是否正常,有时还要想办法输出一些数据,如弹出信息窗口,这也是单元测试,把这种单元测试称为临时单元测试。只进行临时单元测试的软件,针对代码的测试很不完整,代码覆盖率要超过 70% 都很困难,未覆盖的代码可能遗留大量的细小的错误,这些错误还会互相影响,当 Bug 暴露出来时难以调试,将大幅度提高后期测试和维护成本,同时也降低开发商的竞争力。因此进行充分的单元测试,是提高软件质量、降低开发成本的必由之路。

对于程序员来说,养成进行单元测试的习惯,不但可以写出高质量的代码,还能提高编程水平。

要进行充分的单元测试,应专门编写测试代码,并与产品代码隔离。比较简单的办法是为产品工程建立对应的测试工程,为每个类建立对应的测试类,为每个函数(很简单的除外)建立测试函数。

一般认为,在结构化程序时代,单元测试所说的单元是指函数,在当今的面向对象时代,单元测试所说的单元是指类。实践上,以类作为测试单位,复杂度高,可操作性较差,因此仍然主张以函数作为单元测试的测试单位,但可以用一个测试类来组织某个类的所有测试函数。单元测试不应过分强调面向对象,因为局部代码依然是结构化的。单元测试的工作量较大,简单、实用、高效才是硬道理。

有一种看法是,只测试类的接口(公有函数),不测试其他函数,从面向对象角度来看,确实有其道理,但是,测试的目的是找错并最终排错,因此,只要包含错误的可能性较大的函数都要测试,跟函数是否私有没有关系。对于 C++语言来说,可以用一种简单的方法区分需要测试的函数:简单的函数如数据读写函数的实现在头文件中编写(inline 函数),所有在源文件编写实现的函数都要进行测试(构造函数和析构函数除外)。

3.2.2　单元测试的范畴

如果要给单元测试定义一个明确的范畴,指出哪些功能是属于单元测试,这似乎很难。但下面讨论的 4 个问题,基本上可以说明单元测试的范畴及其所要做的工作。

(1)它的行为和我们所期望的一致吗?

用单元测试的代码来证明它所做的就是程序员所期望的,这是单元测试最根本的目的。

(2)它的行为一直和程序员期望的一致吗?

编写单元测试,如果只测试代码的一条正确路径,让它正确地走一遍,并不算是真正地完成。软件开发是一项复杂的工程,当测试某段代码的行为是否和程序员的期望一致时,需要确认:在任何情况下,这段代码是否都和程序员的期望一致,例如,参数很可疑、硬盘没有剩余空间、缓冲区溢出、网络掉线等。

(3)可以依赖单元测试吗?

不能依赖的代码是没有多大用处的。既然单元测试是用来保证代码的正确性,单元测试也一定要值得依赖。

(4)单元测试说明程序员的意图了吗?

单元测试能够帮程序员充分了解代码的用法,从效果上讲,单元测试就像是能执行的文档,说明在用各种条件调用代码时,能按期望完成功能。

3.3　单元测试的主要内容

3.3.1　主要任务

单元测试针对每个程序的模块,主要测试模块接口、局部数据结构、边界条件、路径测试和出错处理 5 个方面,如图 3.1 所示。

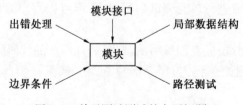

图 3.1　单元测试测试的主要问题

1.模块接口

对模块接口进行测试,检查进出程序单元的数据流是否正确。模块接口测试必须在其他测试之前进行。

模块接口测试至少需要进行如下测试项目:

（1）调用所测模块的输入参数与模块形式参数在个数、属性和顺序上是否匹配。

（2）所测模块调用子模块时，它输入给子模块的参数与子模块中的形式参数在个数、属性和顺序上是否匹配。

（3）是否修改只做输入用的形式参数。

（4）调用标准函数的参数在个数、属性和顺序上是否正确。

（5）全局变量的定义在各模块中是否一致。

2. 局部数据结构

在模块工作过程中，必须测试模块内部的数据能否保持完整性，包括内部数据的内容、形式及相互关系不发生错误。

对于局部数据结构，应该在单元测试中注意以下几类错误：

（1）不正确的或不一致的类型说明。

（2）错误的初始化或默认值。

（3）错误的变量名，如拼写错误或书写错误。

（4）下溢、上溢或者地址错误。

3. 路径测试

在单元测试中，最主要的测试是针对路径的测试：测试用例必须能够发现由计算错误、不正确的判定或不正常的控制流而产生的错误。

常见的错误有误解的或不正确的算术优先级与混合模式的运算、错误的初始化、精确度不够和表达式的符号表示不正确。

针对判定和条件覆盖，测试用例还要发现如下错误：不同数据类型的比较；不正确的逻辑操作或优先级；应该相等的地方由于精确度的错误而不能相等；不正确的判定或不正确的变量；不正确的或不存在的循环终止；当遇到分支循环时不能退出或不适当地修改循环变量。

4. 边界条件

边界测试是单元测试的最后一步，必须采用边界值分析方法来设计测试用例，认真仔细地测试为限制数据处理而设置的边界，查看模块是否能够正常工作。

边界测试应注意一些可能与边界有关的数据类型，如数值、字符、位置、数量和尺寸等，还要注意这些边界的首个、最后一个、最大值、最小值、最长、最短、最高和最低等特征。

在边界条件测试中，应设计测试用例检查以下情况：

（1）在 n 次循环的第 0 次、第 1 次、第 n 次是否有错误。

（2）在运算或判断中取最大值、最小值时是否有错误。

（3）数据流、控制流中刚好等于、大于、小于确定的比较值是否出现错误。

5. 出错处理

测试出错处理的重点是模块在工作中发生了错误，其中出错处理措施是否有效。

检验程序中的出错处理可能面对以下情况：

（1）对运行发生的错误描述难以理解。

（2）所报告的错误与实际遇到的错误不一致。

（3）出错后，在错误处理之前就引起系统的干预。

（4）例外条件的处理不正确。

（5）提供的错误信息不足，以至于无法找到错误的原因。

3.3.2　测试用例的设计

下面介绍测试用例、输入数据及预期输出。

输入数据是测试用例的核心，是指被测试函数所读取的外部数据及这些数据的初始值。外部数据是对于被测试函数来说的，实际上就是除了局部变量以外的其他数据，这些数据可以分为参数、成员变量、全局变量及 IO 媒体。IO 媒体是指文件、数据库或其他储存或传输数据的媒体，例如，被测试函数要从文件或数据库读取数据，那么文件或数据库中的原始数据也属于输入数据。一个函数无论多复杂，无非是对这几类数据的读取、计算和写入。

预期输出是指返回值及被测试函数所写入的外部数据的结果值。对被测试函数进行写操作的参数（输出参数）、成员变量、全局变量及 IO 媒体，它们的预期结果都是预期输出。一个测试用例就是设定输入数据，运行被测试函数，然后判断实际输出是否符合预期。

预期输出是依据输入数据和程序功能来确定的，也就是说，对于某一程序，输入数据确定了，预期输出也就确定了，至于生成/销毁被测试对象和运行测试的语句，所有测试用例都大同小异，因此在讨论测试用例时只讨论输入数据。

显然，把输入数据的所有可能取值都进行测试，是不可能也是无意义的，我们应该用一定的规则选择有代表性的数据作为输入数据。输入方式主要有 3 种，即正常输入、边界输入及非法输入，每种输入还可以进行等价分类，每类取一个数据作为输入数据，如果测试通过，可以肯定同类的其他输入也是可以通过的。下面举例说明。

（1）正常输入。

例如，字符串的 Trim 函数，其功能是将字符串前后的空格去除，那么正常的输入可以有 4 类，即前面有空格、后面有空格、前后均有空格及前后均无空格。

（2）边界输入。

上例中空字符串可以看作是边界输入。

再如，一个表示年龄的参数，它的有效范围是 0 ~ 100，那么边界输入有两个，即 0 和 100。

（3）非法输入。

非法输入是正常取值范围以外的数据，或使代码不能完成正常功能的输入，如上例中表示年龄的参数，小于 0 或大于 100 都是非法输入。再如，一个进行文件操作的函数，非法输入包括文件不存在、目录不存在、文件正在被其他程序打开及权限错误。

如果函数使用了外部数据，则正常输入是肯定会有的，而边界输入和非法输入不是所有函数都有。一般情况下，即使没有设计文档，考虑以上 3 种输入也可以找出函数的基本功能点。实际上，单元测试与代码编写是"一体两面"的关系，编码时对上述 3 种输入都是必须考虑的，否则代码的健壮性就会成问题。

上面所说的测试数据都是针对程序的功能来设计的，就是所谓的黑盒测试。单元测试还需要针对程序的逻辑结构来设计测试用例，就是所谓的白盒测试。如果黑盒测试是足够充分的，那么就没有必要进行白盒测试，可惜"足够充分"只是一种理想状态。例如，真的是所有功能点都测试了吗？程序的功能点是人为定义的，常常是不全面的；各个输入数据之间,有些组合可能会产生问题,怎样保证这些组合都经过了测试呢? 难于衡量测试的完整性是黑盒测试的主要缺陷,而白盒测试恰恰具有易于衡量测试完整性的优点,两者之间具有极好的互补性。例如,完成功能测试后统计语句覆盖率,如果语句覆盖未完成,很可能是未覆盖的语句所对应的功能点未测试。

白盒测试用逻辑覆盖率来衡量测试的完整性。逻辑单位主要有语句、分支、条件、条件值、条件值组合及路径。语句覆盖就是覆盖所有的语句,其他类推。另外还有一种判定条件覆盖,即分支覆盖与条件覆盖的组合,在此不做讨论。跟条件有关的覆盖有 3 种:①条件覆盖是指覆盖所有条件表达式,即所有的条件表达式都至少计算一次,不考虑计算结果;②条件值覆盖是指覆盖条件的所有可能取值,即每个条件的取真值和取假值都要至少计算一次;③条件值组合覆盖是指覆盖所有条件取值的所有可能组合。笔者做过一些粗浅的研究,发现与条件直接有关的错误主要是逻辑操作符错误,例如:"||"写成"&&",漏了写"!"等,采用分支覆盖与条件覆盖的组合,基本上可以发现这些错误。另外,条件值覆盖与条件值组合覆盖往往需要大量的测试用例,因此,条件值覆盖和条件值组合覆盖的费效比偏低。费效比较高且完整性也足够的测试要求是:完成功能测试,完成语句覆盖、条件覆盖、分支覆盖及路径覆盖。

关于白盒测试用例的设计,有关程序测试领域的书籍一般都有讲述,普通方法是画出程序的逻辑结构图,如程序流程图或控制流图,根据逻辑结构图设计测试用例,这些是纯粹的白盒测试。现推荐的方法是:先完成黑盒测试,然后统计白盒覆盖率,针对未覆盖的逻辑单位设计测试用例覆盖它,例如,先检查是否有语句未覆盖,若有则用设计测试用例覆盖它,然后用同样的方法完成条件覆盖、分支覆盖和路径覆盖,这样既检验黑盒测试的完整性,又避免重复工作,用较少的时间成本达到非常高的测试完整性。

3.3.3　执行过程

编写代码时一定要反复调试,保证它能够通过编译。如果是编译没有通过的代码,则没有任何人会愿意接受交付。但代码通过编译,只是说明它的语法正确,却无法保证它的语义也一定正确,没有任何人可以轻易承诺这段代码的行为一定是正确的。

幸运的是,单元测试会为程序员的承诺做保证。编写单元测试就是用来验证这段代码的行为是否与程序员期望的一致。有了单元测试,编程员就可以自信地交付自己的代码,而没有任何后顾之忧。

什么时候进行测试? 单元测试越早越好,早到什么程度? 极限编程(Extreme Programming,XP)讲究 TDD(Test-Driven Development),即测试驱动开发,先编写测试代码,再进行开发。在实际工作中,可以不必过分强调先后,重要的是高效和感觉舒适。从经验来看,先编写产品函数的框架,然后编写测试函数,针对产品函数的功能编写测试用例,最后编写产品函数的代码,每写一个功能点都运行测试,随时补充测试用例。所谓先编写产品函数的框架,是指先编写空白自定义函数的实现,有返回值的直接返回一个合适值,编译通过后再编写测试代码,这时函数名、参数表、返回类型都应该确定下来,所编写的测试代码以后修改的可能性比较小。

单元测试与其他测试不同,单元测试可以看作是编码工作的一部分,常常和代码编写工作同时进行,在完成程序编写、复查和语法正确性验证后,就应进行单元测试用例设计。

单元测试时,如果模块不是独立的程序,则需要设置一些辅助测试模块。辅助测试模块有两种,即驱动模块和桩模块。

1. 驱动模块

驱动模块(Drive)用来模拟被测试模块的上一级模块,相当于被测模块的主程序。它接收数据,将相关数据传送给被测模块,启动被测模块,并打印出相应的结果。

2. 桩模块

桩模块(Stub)用来模拟被测模块在工作过程中所调用的模块,它们一般只进行很少的数据处理。

驱动模块和桩模块都是额外的开销,虽然在单元测试中必须编写,但并不需要作为最终的产品提供给用户。单元测试应避免编写桩代码。桩代码就是用来代替某些代码的代码,例如,产品函数或测试函数调用一个未编写的函数,可以编写桩函数来代替该被调用的函数,桩代码也用于实现测试隔离。采用由底向上的方式进行开发,底层的代码先开发并先测试,可以避免编写桩代码。这样做的好处有:减少工作量;测试上层函数时,也对下层函数进行间接测试;修改下层函数时,通过回归测试可以确认修改是否导致上层函数产生错误。

被测模块、驱动模块和桩模块共同构成如图 3.2 所示的单元测试的测试环境示意图。

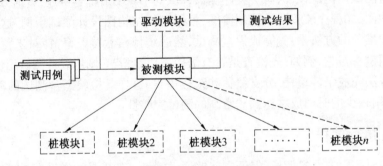

图 3.2　单元测试的测试环境示意图

3.3.4　单元测试的优点

(1)它是一种验证行为。

程序中的每一项功能都可以用测试来验证其正确性,为以后的开发提供支撑。就算是开发后期,也可以轻松地增加功能或更改程序结构。而且它为代码的重构提供了保障,这样就可以更自由地对程序进行改进。

(2)它是一种设计行为。

编写单元测试代码将使程序员从调用者的角度去观察、思考。特别是先写测试代码,迫使程序员把程序设计成易于调用和可测试的,即迫使程序员解除软件中的耦合。

(3)它是一种编写文档的行为。

单元测试代码是一种无价的文档,它是展示函数或类如何使用的最佳文档。这份文档是可编译、可运行的,并且保持最新,永远与代码同步。

(4)它具有回归性。

自动化的单元测试避免了代码出现回归,编写完成之后,可以随时随地快速地运行测试。

　　经验表明:一个尽责的单元测试方法将会在软件开发的某个阶段发现很多 Bug,并且修改它们的成本也很低。在软件开发的后期阶段,Bug 的发现及修改将会变得更加困难,并要消耗大量的时间和开发费用。无论什么时候做出修改都要进行完整的回归测试,在生命周期中尽早地对软件产品进行测试将使效率和质量得到最好的保证。在提供了经过测试单元的情况下,系统集成过程将会大大地简化。开发人员可以将精力集中在单元之间的交互作用和全局的功能实现上,而不是陷入充满很多 Bug 的单元之中不能自拔。

　　将测试工作的效力发挥到最大化的关键在于选择正确的测试策略,其中包含完全的单元测试的概念,以及对测试过程的良好管理,还有适当地使用像 AdaTEST 和 Cantata 这样的工具来支持测试过程。这些活动可以在花费更少的开发费用的情况下得到更稳定的软件。更进一步的好处是简化维护过程,并降低生命周期的维护费用。有效的单元测试是推行全局质量文化的一部分,而这种质量文化将会为软件开发者带来无限的商机。

3.4　单元测试的主要技术

3.4.1　自动化单元测试的定义

　　通常情况下,单元测试可自动执行,也可手动执行,手动的单元测试可用于 step-by-step 的教学文档。单元测试的目标是隔离程序单元并验证其正确性。自动执行单元测试使测试目标达成更有效,也可获得本书上述单元测试收益,但如果不细心规划或者不精心设计,可能将无法完全达到创建单元测试的预定目标,从而使测试失去意义。

　　进行自动化单元测试时,为了实现隔离的效果,测试将脱离待测程序单元(或代码主体)本身固有的运行环境,即脱离产品环境或其本身被创建和调用的上下文环境,而在测试框架中运行。以隔离方式运行有利于充分显露待测试代码与其他程序单元或者产品数据空间的依赖关系,这些依赖关系在单元测试中可以被消除。

　　借助于自动化测试框架,开发人员可以抓住关键进行编码,并通过测试去验证程序单元的正确性。在测试用例执行期间,框架通过日志记录所有失败的测试准则。很多测试框架可以自动标记和提交失败的测试用例总结报告。根据失败的程度不同,框架可以中止后续测试。

　　总体来说,单元测试会激发程序员创造解耦和内聚的代码体,单元测试实践有利于促进健康的软件开发习惯。设计模式、单元测试和重构经常一起出现在工作中,开发人员可以借助于它们提出最为完美的解决方案。

　　自动化测试金字塔也称为自动化分层测试,如图 3.3 所示。Unit 是整个金字塔的基石,特点是运行速度非常快,并覆盖大部分的代码库,能够确定一旦 Unit 通过后,应用程序就能正常工作。

　　Unit:占比为 70%,大部分自动化实现,用于验证一个单独函数或独立功能模块的代码。

　　Service:占比为 20%,涉及两个或两个以上甚至更多模块之间交互的集成测试。

　　UI:占比为 10%,覆盖 3 个或 3 个以上的功能模块,是真实用户场景和数据的验收测试。

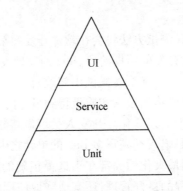

图 3.3　自动化测试金字塔

这里仅列举每个层次的百分比,实际要根据团队的方向来做调整。

实施单元测试,并不代表生产效率能迅猛提高,反而有时会阻碍瞬间的生产效率(传统上开发一个功能,增加单元测试看起来无非是浪费时间),但是它直接提升的是产品质量,从而提升市场的形象,间接才会提升生产效率。

3.4.2　自动化单元测试的组成

自动化单元测试由 4 个关键部分组成,要求每个部分做到统一,如图 3.4 所示。

配置管理	构建管理
统一配置 管理工具	统一构建 管理工具
反馈平台	**测试框架**
统一反馈平台 持续构建: Jenkins 代码分析平台: Sonar	统一测试框架 JUnit, Mockito

图 3.4　自动化单元测试的组成

1. 配置管理:使用版本控制

版本控制系统(源代码控制管理系统)是保存文件多个版本的一种机制。一般来说,包括 Subversion、Git 在内的开源工具就可以满足绝大多数团队的需求。所有的版本控制系统都需要解决这样一个基础问题:怎样让系统允许用户共享信息,而不会让它们因意外而互相干扰?

如果没有版本控制工具的影响,在开发过程中程序员经常会遇到以下问题:

①代码管理混乱。

②解决代码冲突困难。

③在代码整合期间引入深层 Bug。

④无法对代码的拥有者进行权限控制。

⑤项目不同,版本发布困难。

解决以上问题的方法如下:

（1）对所有内容都进行版本控制。

版本控制不仅仅针对源代码，每个与所开发的软件相关的产物都应该被置于版本控制下。版本控制包括对源代码、测试代码、数据库脚本、构建和部署脚本、文档、Web 容器（Tomcat 的配置）所用的配置文件等进行控制。

（2）保证频繁提交可靠代码到主干。

频繁提交可靠、有质量保证的代码（编译通过是最基本的要求），能够轻松地回滚到最近可靠的版本，代码提交之后能够触发持续集成构建，及时得到反馈。

（3）提交有意义的注释。

强制要求团队成员使用有意义的注释，甚至可以关联相关开发任务。其原因是：当构建失败后，知道是谁破坏了构建，找到可能的原因及定位缺陷的位置。这些附加信息可以缩短修复缺陷的时间。

示例：团队使用了 SVN 和 Redmine，注释是：refs #任务 ID 提交说明。

每个任务下可以看到多次提交的记录，如图 3.5 所示。

相关修订版本

修订 95763
由 李 乐 在 大约一个月 之前添加

refs #10640 忽略严重超时FMSSummaryParserInteTest

修订 95760
由 李 乐 在 大约一个月 之前添加

refs #10640 从主干合并更新冲突文件

修订 95759
由 李 乐 在 大约一个月 之前添加

refs #10640 从主干合并最新项目配置文件

修订 95758
由 李 乐 在 大约一个月 之前添加

refs #10640 从主干合并最新jsp文件

修订 95757
由 李 乐 在 大约一个月 之前添加

refs #10640 从主干合并最新test类和test配置文件

图 3.5　相关修订版本示意图

所有的代码文件编码格式统一使用 UTF-8，上班前更新代码，下班前提交代码。

前一天，团队其他成员可能提交了许多代码到 SVN，开始新的一天的工作时，务必更新到最新版本，及时发现问题（如代码冲突）并解决问题。

当日事，当日毕。下班前不仅把当天的编码成果保存在本地硬盘，还应当提交到 SVN。次日，团队从 SVN 更新编码就可以获取到最新版本，形成良性循环。

2. 构建管理：使用 Maven 构建工具

Maven 是基于项目对象模型（Project Object Model，POM），通过为 Java 项目的代码组织结构定义描述信息来管理项目的构建、报告和文档的软件项目管理工具。使用"惯例胜于配置"（Convention over Configuration）的原则，只要项目按照 Maven 制订的方式进行组织，几乎可以用一条命令就能执行所有的构建、部署和测试等任务，而不用写很多行的 XML（消除

Ant 文件中大量的样板文件）。

或许,使用 Ant 来构建的团队要问,为什么用 Maven 呢？简单来说有 3 点。

（1）对第三方依赖库进行统一的版本管理。

Ant 处理依赖包之间的冲突问题,是靠人工解决的,这对于研发来说是消耗时间的,不如把节省的时间投入到业务中去。通过 Maven 自动管理 Java 库和项目间的依赖,打包时会将所有 jar 复制到 WEB- INF/lib/目录下,再也不用每个项目都复制 spring. jar 了。

（2）统一项目的目录结构。

保证所有项目的目录结构在任何服务器上都是一样的,每个目录起什么作用都很清楚明了。

（3）统一软件构建阶段。

Maven 2 把软件开发的过程划分成几个经典阶段,比如先要生成一些 Java 代码,再把这些代码复制到特定位置,然后编译代码,复制需要放到 classpath 下的资源,再进行单元测试,单元测试都通过后才能进行打包、发布。

3. 测试框架:JUnit&Mockito

（1）JUnit。

JUnit 是 Java 语言的一个单元测试框架。其优点是整个测试过程可以无人值守,开发无须在线参与和判断最终结果是否正确,可以很容易地一次性运行多个测试,使开发更加关注测试逻辑的编写,而不是增加构建维护时间。

【示例代码】

```
//功能代码
package com. chinacache. portal. service;
public class ReportService {
    public boolean validateParams() {
    }
    public String sendReport(Long id) {
    }
    public String sendReport(Long id, Date time) {
    }
}
//单元测试代码
package com. chinacache. portal. service; //必须与功能代码使用相同的 package
public class ReportServiceUnitTest { // 测试类名以 UnitTest (单元测试) 或 InteTest (集成测试) 结尾
    //测试方法名以 Test 开头,然后接对应的功能方法名称
    @ Test
    public void testValidateParams() {
    }
    //如果功能方法存在重载,则再接上参数类型
    @ Test
    public void testSendReportLong() {
    }
```

/＊如果一个功能方法对应多个测试方法,不同测试方法可使用简洁而有含义的单词结尾,如
success、fail 等＊/

```
        @ Test
        public void testSendReportLongDateSuccess( ) {

        }
        //这样通过测试方法名即可知道测的是哪个功能、方法,哪种情况
        @ Test
        public void testSendReportLongDateFail( ) {

        }
}
```

（2）Mockito。

Mockito 是一个针对 Java 的 mocking 框架,程序员使用它可写出清晰明了的测试用例和简单的 API。它与 EasyMock 和 JMock 很相似,通过执行后校验什么被调用,消除了对期望行为(Expectations)的需要,改变了其他 mocking 库以"记录→回放"(这会导致代码不规范)的测试流程,使得自身的语法更像自然语言。

【示例代码】

```
//Mockito
List mock = mock( List. class) ;
when( mock. get(0) ). thenReturn( "one") ;
when( mock. get(1) ). thenReturn( "two") ;
someCodeThatInteractsWithMock( ) ;
verify( mock). clear( ) ;
```

【示例代码】

```
//EasyMock
List mock = createNiceMock( List. class) ;
expect( mock. get(0) ). andStubReturn( "one") ;
expect( mock. get(1) ). andStubReturn( "two") ;
mock. clear( ) ;
replay( mock) ;
someCodeThatInteractsWithMock( ) ;
verify( mock) ;
```

官方对比文章的网址:http://code. google. com/p/mockito/wiki/MockitoVSEasyMock。

4. 反馈平台:Jenkins&Sonar

（1）持续集成平台:Jenkins。

Jenkins 的前身是 Hudson,它是一个可扩展的持续集成引擎,主要用于:

①持续、自动地构建测试软件项目。

②监控一些定时执行的任务。

Jenkins 将作为自动化单元测试持续集成的平台,以实现自动化构建。Jenkins 平台如图3.6 所示。

（2）代码质量管理平台:Sonar。

Sonar 是一个开源平台,用于管理源代码的质量。Sonar 不只是一个质量数据报告工具,

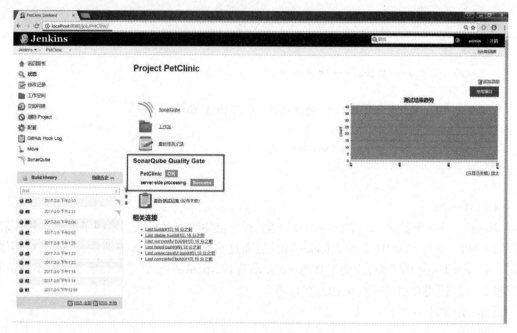

图 3.6　Jenkins 平台

更是代码质量管理平台。它支持的语言包括 Java、PHP、C#、C、Cobol、PL/SQL、Flex 等。

Sonar 的主要特点如下：

①代码覆盖：通过单元测试，将会显示哪行代码被选中。

②改善编码规则。

③搜寻编码规则：按照名字、插件、激活级别和类别进行查询。

④项目搜寻：按照项目的名字进行查询。

⑤对比数据：比较同一张表中任何测量的趋势。

Sonar 将作为自动化单元测试反馈报告统一展现在平台上，如图 3.7 所示，包括单元测试覆盖率、成功率、代码注释、代码复杂度等度量数据。

3.4.3　自动化单元测试原则及流程

提交代码、运行测试的重点是快速捕获那些因修改而向系统中引入的最常见的错误，并通知开发人员，以便他们能快速修复它们。提交阶段提供反馈的价值在于，可以让系统高效且更快地工作。

1. 隔离 UI 操作

UI 应当作为更高层次的测试级别，需要花费大量时间准备数据，业务逻辑复杂，过早进入 UI 阶段，容易分散开发人员的单元测试精力。

2. 隔离数据库、文件读写及网络开销等操作

在自动化单元测试中，可采用将结果写入数据库，然后再验证改后结果是否被正确写入的验证方法。这种验证方法简单，容易理解，但不是一个高效的方法。该问题应当在集成测试的级别中去解决。

首先，与数据库的交互是漫长的，甚至有可能要投入维护数据库的时间，这将成为快速

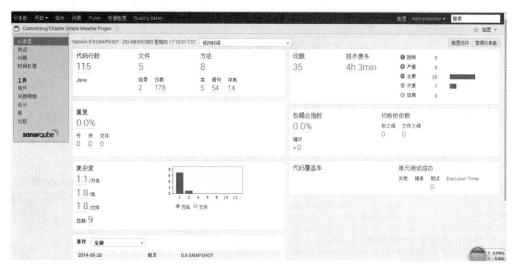

图 3.7　Sonar 平台

测试的一个障碍,开发人员不能得到及时有效的反馈。

其次,数据管理需要成本,从数据的筛选(线上数据可能是 T 级)到测试环境的 M 级别,如何筛选出大小合适的数据,这都使管理成本增加(当然在集成测试中可以使用 DBUnit 来解决部分问题)。

最后,如果一定要有读写操作才能完成的测试,则要反思代码的可测试性做的如何,是否需要重构。

单元测试决不要依赖于数据库以及文件系统、网络开销等一切外部依赖。

3. 使用 Mock 替身与 Spring 容器隔离

在单元测试中启动 Spring 容器进行依赖注入、加载依赖的 WebService 等,这个过程是相当消耗时间的。

可以使用模拟工具集 Mockito、EasyMock、JMock 等来解决,研发团队主要是基于 Mockito 的实践。与需要组装所有的依赖和状态相比,使用模拟技术进行测试运行通常是非常快的,这样开发人员在提交代码之后就可以在持续集成平台上快速得到反馈。

4. 设计简单的测试

定义方法:

成功:public void testSendReportLongDateSuccess( )

失败:public void testSendReportLongDateFail( )

定义方法可以包括异常和单一的断言,要避免在一个方法内使用多个复杂断言,这会造成代码结构复杂,使测试的复杂性提高。

5. 定义测试套件的运行时间

使用 Mock 构建的单元测试,每个方法的构建时间是毫秒级别,整个类是秒级别,理想的是整体构建时间控制在 5 分钟以内。如果时间超出,可用以下方法解决:

(1)拆分成多个套件,在多台机器上并行执行这些套件。

(2)重构那些运行时间比较长且不经常失败的测试类。

Mock 典型工作流程如图 3.8 所示。

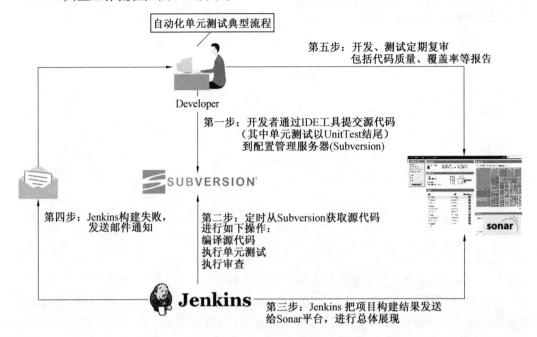

图 3.8　Mock 典型工作流程

（1）开发人员遵循每日构建原则，提交功能代码、测试代码（以 UnitTest 结尾的测试类）到 Svn。

（2）在 Jenkins 平台上，根据配置原则（假设配置定时器每 6 分钟检查 SVN，若有代码更新则重新构建）进行代码更新、代码编译、UnitTest、持续反馈的流水线工作。

（3）构建结果发送到 Sonar 进行总体展现。

（4）Jenkins 把失败的构建以邮件方式通知受影响的开发人员。

（5）开发人员、测试人员需要在 Sonar 平台定期复审。

3.4.4　小　　结

如何加强开发过程中的自测环节，一直都是一个头痛的问题，开发的代码质量究竟如何？ 模块之间的质量究竟如何？ 回归测试的效率如何？ 重构之后，如何快速验证模块的有效性？

这些在没有做自动化单元测试之前，都是难以考究的问题。唯有通过数据去衡量，横向对比多个版本的构建分析结果，才能够发现整个项目质量的趋势是提升了，还是下降了，这样开发，测试人员才能够有信心做出恰当的判断。

当然，单元测试也不是"银弹"，即便项目的覆盖率达到 100%，也不能表明产品质量没有任何问题，不会产生任何缺陷。其重点在于确保单元测试环节的实施可以提前释放压力、风险、暴露问题等多个方面，改变以往没有单元测试，所有问题都集中到最后爆发的弊端。

单元测试使用前后的对比如图 3.9 所示。

增加单元测试之后的效果如下。

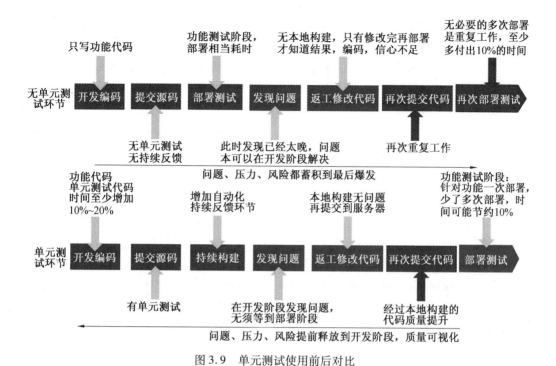

图 3.9 单元测试使用前后对比

（1）开发效率有望提升 10%～20%；重构、回归测试效率提升 10%，降低出错的概率。

（2）总体代码质量提升。

（3）在开发过程中暴露更多问题，将风险和压力提前释放，持续构建促使开发人员重视代码质量。

（4）UnitTest 质量对于团队来说是可视化的，交付的是有质量的产品。

3.5 单元测试工具

3.5.1 单元测试工具简介

现有的单元测试工具有许多，部分工具的使用贯穿整个测试流程中的多个测试模块，而不局限于单元测试模块本身。以下将按功能划分，简要介绍各类单元测试工具。

1. 测试管理工具

测试管理工具是可以帮助完成测试计划、跟踪测试运行结果等的工具。这类工具还包括有助于需求、设计、编码测试及缺陷跟踪的工具。

2. 静态分析工具

静态分析工具用来分析代码而不是用来执行代码。这种工具检测某些缺陷比用其他方法更有效，费用也更少。这种工具一般可以度量代码的各种指标，如 McCabe 测定复杂度、Logiscope 度量代码和规范的复合度等。

3. 覆盖率工具

覆盖率工具用来评估通过一系列测试后，软件被执行的程度。这种工具大量地被应用于单元测试中,如 PureCoverage、TrueCoverage、Logiscope 等。

4. 动态分析工具

动态分析工具用来评估正在运行的系统。例如,检查系统运行过程中的内存使用情况,是否有内存越界、内存泄漏等。这类工具有 Purify、BoundChecker 等。

5. 测试执行工具

测试执行工具可使测试能够自动进行,并且有各个层次(单元测试、集成测试、系统测试)的执行工具。例如,系统测试阶段有功能测试自动化工具,如 Robot、Winrunner、SilkTest 等;还有性能测试工具,如 Loadrunner、SilkPerformer 等。

6. 白盒测试工具

(1)内存资源泄漏检查。如 Numega 中的 Bouncechecker,Rational 中的 Purify。

(2)代码覆盖率检查。如 Numega 中的 Truecoverage,Rational 中的 Purecoverage,Telelogic 公司的 logiscope,Macabe 公司的 Macabe。

(3)代码性能检查。如 Numega 中的 Truetime,Rational 中的 Quantify。

(4)代码静态度量分析质量检查工具:logiscope 和 Macabe。

7. 黑盒测试工具

(1)客户端功能测试:MI 公司的 Winrunner,Compuware 中的 Qarun,Rational 中的 Robot。

(2)服务器端压力性能测试:MI 公司的 Winload,Compuware 中的 Qaload,Rational 中的 SQAload 等。

(3)Web 测试工具:MI 公司的 Astra 系列,rsw 公司的 E-testsuite。

(4)测试管理工具:Rational 中的 Testmanager,Compuware 中的 Qadirector 等。

(5)缺陷跟踪工具:Trackrecord、Testtrack。

8. 单元测试专属工具

(1)Delphidunit。

(2)Javajunit。

(3)C++cppunit。

(4)Visual BasicVBUnit。

(5)(. NETplatform)NUnit。

3.5.2　单元测试工具——JUnit

JUnit 在日常开发中是很常用的,而且 Java 的各种 IDE(Eclipse、MyEclipse、IntelliJ IDEA)都集成了 JUnit 的组件。当然,自己添加插件也是很方便的。JUnit 框架是当前 Java 语言单元测试的一站式解决方案。因为它把测试驱动的开发思想介绍给 Java 开发人员,并教给他们如何有效地编写单元测试。

JUnit 4. x 利用了 Java 5 的特性(Annotation),使测试比起 3. x 版本更加方便简单。JUnit 4. x 不是旧版本的简单升级,它是一个全新的框架,整个框架的包结构已经彻底改变,但 4. x 版本仍然能够很好地兼容旧版本的测试用例。

1. 使用

JUnit 可在代码中使用,使测试更为简单、方便。

2. 下载

下载 JUnit4.8.1.jar 包。

3. 加入项目

把 JUnit4.8.1.jar 文件加入到项目的 classpath 中。

4. 对比

将 JUnit 4 和 JUnit 3 进行对比,了解 JUnit 4 到底简化了哪些功能,如图 3.10 所示。

JUnit3.x	**JUnit4.x**
必须引入类 *junit.framework.TestCase*	必须引入 org.junit.Test; org.junit.Assert.* （static import）
必须继承类 TestCase	不需要
测试方法必须以 test 开头	不需要,但是必须加上 @test 注解
通过 assertXXXX()方法来判断结果	

图 3.10　JUnit4 和 JUnit3 的对比

5. 示例代码

[java]

```
<span style="font-family:Microsoft YaHei;">package com.tgb;

import static org.junit.Assert.*;

import org.junit.Ignore;
import org.junit.Test;


public class TestWordDealUtil {
//测试 wordFormat4DB 正常运行的情况
@Test
public void testWordFarmat4DBNormal() {
    String target = "employeeInfo";
    String result = WordDealUtil.wordFormat4DB(target);
    assertEquals("employee_info", result);
}

//测试 null 时的处理情况
@Test(expected=NullPointerException.class)
public void testWordFormat4DBNull() {
    String target = null;
    String result = WordDealUtil.wordFormat4DB(target);
    assertNull(result);
```

```
    }

    //测试空字符串的处理情况
    @Test
    public void testWordFormat4DBEmpty( ) {
        String target = "";
        String result = WordDealUtil. wordFormat4DB( target);
        assertEquals("", result);
    }

    //测试当首字母大写时的情况
    //@Ignore
    @Test
    public void testWordFormat4DBBegin( ) {
        String target = "EmployeeInfo";
        String result = WordDealUtil. wordFormat4DB( target);
        assertEquals("_employee_info", result);
    }

    //测试当尾字母大写时的情况
    @Test
    public void testWordFormat4DBEnd( ) {
        String target = "employeeInfoA";
        String result = WordDealUtil. wordFormat4DB( target);
        assertEquals("employee_info_a", result);
    }

    //测试多个相连字母大写时的情况
    @Test
    public void testWordFormat4DBTogether( ) {
        String target = "employeeAInfo";
        String result = WordDealUtil. wordFormat4DB( target);
        assertEquals("employee_a_info", result);
    }
}
</span>
```

图 3.11 所示为 TestWordDealUtil 测试类。从图中可以看出,TestWordDealUtil 测试类中有 6 个测试方法,其中有 5 个测试方法都已经通过,另外一个抛出了 NullPointerException(空指针)异常。需要注意的是,这里并不是单元测试的失败(Failure),而是测试出现了错误(Error)。那么,它们有什么区别呢?

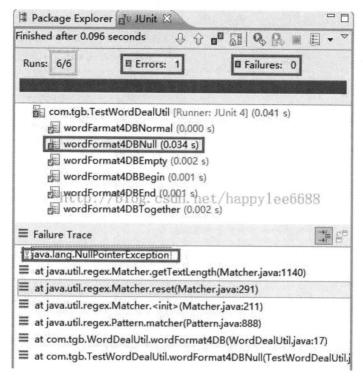

图 3.11　TestWordDealUtil 测试类

JUnit 将测试失败的情况分为两种:Failure 和 Error 。Failure 一般是由单元测试使用的断言方法判断失败引起的,它表示在测试点发现了问题(程序中的 Bug);而 Error 则是由代码异常引起的,这是测试目的之外的发现,它可能产生于测试代码本身的错误,也就是说,编写的测试代码有问题,也可能是被测试代码中有一个隐藏 Bug 。一般情况下是第一种情况。

6. 常用注解

(1)@ Before。

初始化方法,是在任何一个测试方法执行之前必须执行的代码。对比 JUnit 3,它和setUp()方法具有相同的功能。该注解可以进行一些准备工作,比如初始化对象、打开网络链接等。

(2)@ After。

释放资源,是在任何一个测试方法执行之后需要进行的收尾工作。它和 tearDown()方法具有相同的功能。

(3)@ Test。

测试方法,在 JUnit 中将会自动被执行。对于方法的声明也有如下要求:名字无任何限制,但是返回值必须为 void,而且不能有任何参数。如果违反这些规定,就会在运行时抛出一个异常。为了培养一个好的编程习惯,一般在测试的方法名上加 test,比如 testAdd()。

同时,该 Annotation(@ Test)还可以测试期望异常和超时时间,如 @ Test(timeout = 100),测试人员给测试函数设定一个执行时间,超过这个时间(100 ms),它们就会被系统强行终止,并且系统还会报告该函数结束的原因是超时,这样测试人员就可以发现这些 Bug。

而且,它还可以测试期望的异常,例如,图 3.11 中空指针异常就可以这样显示:@ Test (expected = NullPointerException. class)。测试结果如图 3.12 所示。

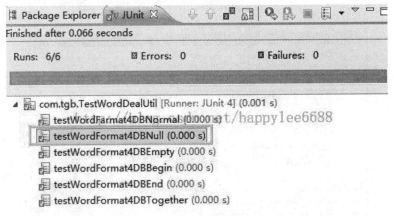

图 3.12　测试结果

(4)@ Ignore。

忽略的测试方法,其含义是"某些方法尚未完成,不参与此次测试",因此测试结果就会提示测试人员有几个测试被忽略,而不是失败。一旦测试人员完成了相应的函数,只需要把@ Ignore 注解删除,就可以进行正常测试了。

(5)@ BeforeClass。

针对所有测试,也就是在整个测试类中,在所有测试方法执行前,都会先执行由它注解的方法,而且只执行一次。需要注意的是,修饰符必须是 public static void xxxx;此 Annotation 是 JUnit 4 新增的功能。

(6)@ AfterClass。

针对所有测试,也就是在整个测试类中,在所有测试方法都执行完之后,才会执行由它注解的方法,而且只执行一次。需要注意的是,修饰符也必须是 public static void xxxx;此 Annotation 也是 JUnit 4 新增的功能,与 @ BeforeClass 是一对注解。

7. 执行顺序

在 JUnit 4 中,单元测试用例的执行顺序为:

@ BeforClass→@ Before→@ Test→@ After→@ AfterClass。

每个测试方法的调用顺序为:

@ Before→@ Test→@ After。

8. 规范

测试的规范是在编程规则以及日常的实践中,由那些具有丰富经验的开发人员和测试人员总结出来的。

(1)单元测试代码应位于单独的 Source Folder 下。

此 Source Folder 通常为 test ,这样可以方便地管理业务代码与测试代码,如图 3.13 所示。其实,在项目管理工具 Maven 上已经有了此规范,在写代码时应注意。

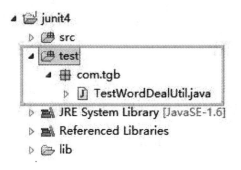

图 3.13　测试代码所保存的文件夹示意图

（2）测试类应该与被测试类位于同一 package 下，如图 3.14 所示。

这样便于进行管理，同时减少引入带测试类所带来的麻烦。

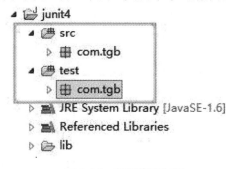

图 3.14　测试代码包图

（3）选择有意义的测试方法名。

无论是 JUnit 4 还是 JUnit 3，单元测试方法名均需使用 test<待测试方法名称>［概要描述］，如 public void testDivideDivisorIsZero( )，这样很容易让测试人员知道测试方法的含义。

（4）保存测试的独立性。

每项单元测试都必须独立于其他所有单元测试而运行，因为单元测试要以任何顺序运行。

（5）为暂时未实现的测试代码注解忽略（@ Ignore）或抛出失败。

在 JUnit 4 中，可以在测试方法上使用注解 @ Ignore 。在 JUnit 3 中，可以在未实现的测试方法中使用 fail("测试方法未实现")，以告知失败是因为测试方法未实现。

（6）在调用断言（assert）方法时给出失败的原因。

使用断言方法时，需使用带有 message 参数的 API ，并在调用时给出失败时的原因描述，如 assertNotNull("对象为空", new Object( ))。

3.5.3　单元测试工具——TestNG

TestNG 即 Testing Next Generation，意指下一代测试技术。它是根据 JUnit 和 NUnit 的思想，采用 jdk 的 Annotation 技术来强化测试功能，并借助 XML 文件强化测试组织结构而构建的测试框架。TestNG 的强大之处还在于其不仅可以用来做单元测试，还可以用来做集成测试。

TestNG 是一个用来简化广泛测试需求的测试框架，适用范围覆盖单元测试（隔离测试一个类)到集成测试(测试由多个类、多个包甚至多个外部框架组成的整个系统,例如应用服务器)。

1. 步骤

(1)编写测试的业务逻辑并在代码中插入 TestNG Annotation。

(2)将测试信息添加到 testng. xml 文件或者 build. xml 文件中。

(3)运行 TestNG。

2. 一些概念

(1)suite(套件)。

suite 由 xml 文件描述,包含一个或多个测试并被定义为 <suite> 标签。

(2)test(测试)。

test 由 <test> 描述,并包含一个或者多个 TestNG 类。

(3)class(类)。

class 由一个或多个方法组成。

3. 注解

(1)@ BeforeSuite。

被注解的方法,会在当前 suite 中所有测试方法执行之前被调用。

(2)@ AfterSuite。

被注解的方法,会在当前 suite 中所有测试方法执行之后被调用。

(3)@ BeforeTest。

被注解的方法,会在测试(原文就是测试,不是测试方法)运行之前被调用。

(4)@ AfterTest。

被注解的方法,会在测试(原文就是测试,不是测试方法)运行之后被调用。

(5)@ BeforeGroups。

被注解的方法,会在执行组列表之前被调用。这个方法会在每组中第一次测试方法调用之前被调用。

(6)@ AfterGroups。

被注解的方法,会在执行组列表之后被调用。这个方法会在每组中最后一个测试方法调用之后被调用。

(7)@ BeforeClass。

被注解的方法,会在当前类第一个测试方法运行之前被调用。

(8)@ AfterClass。

被注解的方法,会在当前类所有测试方法运行之后被调用。

(9)@ BeforeMethod。

被注解的方法,会在每个测试方法运行之前被调用。

(10)@ AfterMethod。

被注解的方法,会在每个测试方法运行之后被调用 。

4. 配置

调用 TestNG 有几种不同的方法,如使用 testng. xml 文件、使用 ant 命令、从命令行敲命令等。当然,使用 Java IDE 可以不用写 testng. xml 文件,但并不代表用不到,只不过 IDE 会自动生成一个 testng. xml 文件,不用手写。如果从学习的角度来看,需要了解 testng. xml 文件的配置。

testng. xml 文件可以在 testng 的官网下载。

[html]

```
<span style="font-family:Microsoft YaHei;">
<! DOCTYPE suite SYSTEM           "http://testng.org/testng-1.0.dtd">
<suite name="Suite1" verbose="1">
      <test name="Nopackage">
       <classes>
       <class name="NoPackageTest" />
     </classes>
   </test>
   <test name="Regression1">
     <classes>
       <class name="test.sample.ParameterSample"/>
       <class name="test.sample.ParameterTest"/>
     </classes>
   </test>
</suite>
</span>
```

当然,还可以指定包名替代类名,例如:

[html]

```
<span style="font-family:Microsoft YaHei;"><! DOCTYPE suite SYSTEM "http://testng.org/testng-1.0.
dtd">
   <suite name="Suite1" verbose="1">
     <test name="Regression1"     >
       <packages>
         <package name="test.sample" />
       </packages>
     </test>
</suite></span>
```

可以指定包含或不包含的组和方法,例如:

[html]

```
<span style="font-family:Microsoft YaHei;"><test name="Regression1">
   <groups>
     <run>
       <exclude name="brokenTests"    />
       <include name="checkinTests"    />
     </run>
   </groups>
```

```
<classes>
  <class name = "test. IndividualMethodsTest" >
   <methods>
       <include name = "testMethod" />
    </methods>
  </class>
 </classes>
</test></span>
```

也可以在 testng. xml 中定义新的组,指定属性的详细情况,例如,是否并行运行测试、使用多少线程、是否运行 JUnit 测试等。

对于运行 TestNG 的命令,官网上已给出详细说明,需要注意的是,TestNG 需要 JDK 1.5 版本以上。

5. 生命周期

使用 TestNG,不仅可以指定测试方法,还可以用专门的标注 @ Configuration 指定类中的其他特定方法,这些方法称为配置方法。配置方法有以下 4 种类型:

(1) beforeTestClass 方法在类实例化之后,但是在测试方法运行之前执行。

(2) afterTestClass 方法在类中的所有测试方法执行之后执行。

(3) beforeTestMethod 方法在类中的任何测试方法执行之前执行。

(4) afterTestMethod 方法在类中的每个测试方法执行之后执行。

3.6　单元测试工具 JUnit 实验

3.6.1　实验目的

(1) 熟悉单元测试的目的及原理。

(2) 了解 JUnit 的基本原理及具体测试步骤。

(3) 按照要求完成老师布置的实验内容。

具体实验要求需到 http://software. hitwh. edu. cn/moodle 上获取。

3.6.2　实验内容

(1) 安装和设置 JUnit 开发环境。

①从 CMS 下载 JUnit,本书使用的是 3.8.1 版本。将 JUnit 压缩包解压到一个物理目录中(如 C:\JUnit3.8.1)。

②记录 JUnit. jar 文件所在目录名(如 C:\JUnit3.8.1\JUnit. jar)。

③右键点击"我的电脑",单击"属性",在"属性"选项中选择"高级",点击"环境变量",在"系统变量"中添加"CLASS-PATH"关键字(不区分大小写)。

④双击"CLASS-PATH"关键字,添加字符串"C:\JUnit3.8.1\JUnti. jar"(注意,如果已有

其他字符串,需在该字符串的字符结尾加上";"),确定修改后 JUnit 就可以在集成环境中应用了。

⑤运行测试 Swing。

java -classpath f:\junit\junit. jar junit. swingui. TestRunner

java -classpath f:\junit\junit. jar junit. awtui. TestRunner

（2）认真研究简单程序,熟悉 JUnit 的基本编程结构,按要求添加一定的测试代码。

```
import junit. framework. * ;

import org. apache. log4j. * ;

//import junit. log4j. * ;


public class TestMoney extends TestCase {


//log4j 日志部分开始
  private static final String LOG4J_PROPERTIES = "log4j. properties";
  //PropertyConfigurator. configure( );
  static final Logger logger = (Logger) Logger. getLogger(TestMoney. class. getName( ));
  private static void readCfg( ) {
        PropertyConfigurator. configure (LOG4J_PROPERTIES);
  }


//log4j 日志部分结束
private Money money = null;
  private Money f12CHF;
  private Money f14CHF;
  private Money f26CHF;
  private Money f7USD;
  private Money f21USD;

  public TestMoney(String name) {
    super(name);
  }
  protected void setUp( ) throws Exception {
    super. setUp( );
    / * * @ todo verify the constructors * /
    money = new Money(0, "");
    f12CHF = new Money(12, "CHF");
    f14CHF = new Money(14, "CHF");
    f26CHF = new Money(26, "CHF");
    f7USD = new Money( 7, "USD");
    f21USD = new Money(21, "USD");
  }
  protected void tearDown( ) throws Exception {
```

```
        money = null;
        super. tearDown( );
    }
public void testAdd( ) {
    Money m = f12CHF;
    Money expectedReturn = f26CHF;
    Money actualReturn = f14CHF. add(m);
    assertEquals("return value", expectedReturn, actualReturn);
    / * *@ todo fill in the test code */
    //PropertyConfigurator. configure("f:/log4j. properties");
  //日志的记录,默认在 d:/Log4jEx. log 下
    readCfg( );
    logger. info("Input Money amount =" + m. amount( )+" currency is   "+m. currency( ));
     logger. info ( " expectedReturn amount =  " + expectedReturn. amount ( ) +" currency is     " +
expectedReturn. currency( ));
        logger. info("actualReturn amount= "+actualReturn. amount( )+" currency is"+actualReturn. currency
( ));
        if ( expectedReturn. amount ( ) = = actualReturn. amount ( ) &expectedReturn. currency ( ) = =
actualReturn. currency( )){
        logger. info("testAdd( )passed. ");
        }
        else{
        logger. error("testAdd( ) failed. ");
        }
    }
public void testAmount( ) {
    int expectedReturn = 0;
    int actualReturn = money. amount( );
    assertEquals("return value", expectedReturn, actualReturn);
    / * *@ todo fill in the test code */
   // logger. info("aaa");
    }
public void testCurrency( ) {
    String expectedReturn = "";
    String actualReturn = money. currency( );
    assertEquals("return value", expectedReturn, actualReturn);
    / * *@ todo fill in the test code */
  }
public void testEquals( ) {
    Object anObject = null;
    boolean expectedReturn = false;
    boolean actualReturn = money. equals(anObject);
    assertEquals("return value", expectedReturn, actualReturn);
```

```
      / * *@ todo fill in the test code */  |
  public void testMoney( ) |
      int amount = 0;
      String currency = " ";
      money = new Money( amount, currency);
      / * *@ todo fill in the test code */
  |
|
```

（3）根据老师所讲的单元测试的例子,完成对所给代码的 AccountManager. java 程序的测试。日志部分可以照搬 TestMoney. java 中的日志部分。

（4）用 Java 编写小程序,根据输入判断三角形的形状,然后根据测试用例进行测试。

3.6.3　实验要求

（1）熟悉单元测试的目的及原理。

（2）了解 JUnit 的基本原理及具体测试步骤。

（3）根据老师所讲的单元测试的例子,完成对所给代码的 AccountManager. java 程序的测试,或者对 TestAccount. java、TestAddress. java 和 TestCreditCard. java 程序进行测试。

（4）用 Java 编写小程序,根据输入判断三角形的形状,然后根据测试用例进行测试。

（5）提交实验报告。

习　　题

一、选择题

1. 单元测试主要针对模块的几个基本特征进行测试,该阶段不能完成的测试是（　　）。

A. 系统功能　　　　B. 局部数据结构　　　C. 重要的执行路径　　　D. 错误处理

2. 下列几种逻辑覆盖标准中,查错能力最强的是（　　）。

A. 语句覆盖　　　　B. 判定覆盖　　　　　C. 条件覆盖　　　　　　D. 条件组合覆盖

3. 下列覆盖准则最强的是（　　）。

A. 语句覆盖　　　　　　　　　　　　B. 判定覆盖

C. 条件覆盖　　　　　　　　　　　　D. 路径覆盖

4. 下列与设计测试用例无关的文档是（　　）。

A. 项目开发计划　　B. 需求规格说明书　　C. 设计说明书　　　　　D. 源程序

5. 测试的关键问题是（　　）。

A. 如何组织软件评审　　　　　　　　B. 如何选择测试用例

C. 如何验证程序的正确性　　　　　　D. 如何采用综合策略

6. 软件测试用例主要由输入数据和（　　）两部分组成。

A. 测试计划　　　　B. 测试规则　　　　　C. 预期输出结果　　　　D. 以往测试记录分析

7. 成功的测试是指运行测试用例后（　　）。

A. 未发现程序错误　B. 发现了程序错误　C. 证明程序正确性　D. 改正了程序错误

8. 下列不属于白盒测试技术的是(　　　)。

A. 路径覆盖　　　　　B. 判定覆盖　　　　　C. 循环覆盖　　　　　D. 边界值分析

二、简答题

1. 单元测试的主要内容是什么?

2. 单元测试能发现约80%的软件缺陷吗?

3. 单元测试通常应该先进行"人工走查",再以白盒测试为主,辅以黑盒测试进行动态测试。请详细介绍它们之间的关系。

4. 按3.5节的要求完成单元测试工具 JUnit 使用实验,并提交实验报告。

第 4 章　集成测试技术

4.1　集成测试概述

4.1.1　集成测试的定义

集成测试也称组装测试或联合测试,是单元测试的逻辑扩展。它最简单的形式是:把两个已经测试过的单元组合成一个组件,测试它们之间的接口。从这层意义上讲,组件是指多个单元的集成聚合。在现实方案中,许多单元组合成组件,而这些组件又聚合成程序的更大部分。其方法是首先测试片段的组合,并最终扩展成进程,将模块与其他组的模块一起测试,最后将构成进程的所有模块一起测试。此外,如果程序由多个进程组成,则应成对测试进程,而不是同时测试所有进程。

集成测试用来测试组合单元时出现的问题。测试人员通过使用要求在组合单元前测试每个单元,并确保每个单元生存能力的测试计划,推测出在组合单元时所发现的任何错误很可能与单元之间的接口有关。这种方法将可能发生的情况数量减少到更简单的分析级别。一个有效的集成测试有助于解决相关的软件与其他系统的兼容性和可操作性的问题。

集成测试是指在单元测试的基础上,在将所有的软件单元按照概要设计规格说明的要求组装成模块、子系统或系统的过程,各部分工作是否达到或实现相应技术指标及要求的活动。也就是说,在集成测试之前,单元测试应该已经完成,集成测试中所使用的对象应该是已经经过单元测试的软件单元。这一点很重要,因为如果不经过单元测试,集成测试的效果将会受到很大影响,并且会大幅增加软件单元代码纠错的代价。

集成测试采用的方法是测试软件单元的组合能否正常工作,以及与其他组合模块能否集成在一起工作。最后,还要测试构成系统的所有模块组合能否正常工作。集成测试所遵循的主要标准是《软件概要设计规格说明》,任何不符合该说明的程序模块行为都应该加以记载并上报。

4.1.2　集成测试的目的

所有的软件项目必须包含系统集成。不管采用什么开发模式,具体的开发工作必须从每个软件单元做起,软件单元只有经过集成才能形成一个有机的整体。具体的集成过程可能是显性的,也可能是隐性的。只要有集成,总是会出现一些常见问题。在工程实践中,在软件单元组装过程中可能出现意想不到的情况。集成测试所花费的时间远远超过单元测试,直接从单元测试过渡到系统测试是极不妥当的做法。

4.1.3　集成测试的原则

在程序测试中,一些模块虽然可以单独工作,但不能保证连接起来也能正常工作,程序在某些局部反映不出来的问题,在全局上就很有可能暴露出来,从而影响功能的实现。因此,集成测试应当考虑以下两个问题:

1. 模块间的接口

(1)当把各个模块连接起来时,穿越模块接口的数据是否会丢失。

(2)全局数据结构是否有问题,会不会被异常修改。

2. 集成后的功能

(1)各个子功能组合起来,能否达到预期要求的父功能。

(2)一个模块的功能是否会对另一个模块的功能产生不利影响。

(3)单个模块的误差积累是否会放大,从而达到不可接受的程度。

集成测试是产品研发中的重要工作,需要为其分配足够的资源和时间。总体来看,集成测试的原则有以下几点:

(1)所有的公共接口都要被测试到。

(2)关键模块必须进行充分的测试。

(3)集成测试应该按一定的层次进行。

(4)集成测试的策略应该综合考虑质量、进度及成本。

(5)当满足测试计划中的结束标准时,集成测试结束。

(6)集成测试根据计划和方案进行,防止测试的随意性。

(7)项目管理者保证测试用例经过审查。

(8)测试的执行结果应该如实被记录。

4.2　集成测试的策略

用模块组装成程序有两种方法:一种方法是先分别测试每个模块,再把所有模块按设计要求放在一起结合成所要的程序,这种方法称为非渐增式测试方法;另一种方法是把下一个要测试的模块同已经测试好的模块结合起来进行测试,测试完成后再与下一个应该测试的模块结合进行测试,这种每次增加一个模块的方法称为渐增式测试方法,实际上它同时完成单元测试和集成测试。

非渐增式测试方法是把所有模块放在一起,并把庞大的程序作为一个整体来测试,测试者面对的情况十分复杂。测试时会遇到许多错误,改正错误更是极其困难,因为在庞大的程序中想要诊断定位一个错误是非常困难的。而且一旦改正一个错误之后,马上又会遇到新的错误,这个过程将继续下去,看起来好像永远也没有尽头。渐增式测试方法与"一步到位"的非渐增式测试方法相反,它把程序划分成小段进行构造和测试,在这个过程中比较容易定位和改正错误;对接口可以进行更彻底地测试;可以使用系统化的测试方法。因此,目前在进行集成测试时普遍采用渐增式测试方法。

4.2.1　非渐增式测试

非渐增式测试是把所有系统组件一次性集合到被测系统中,不考虑组件之间的相互依赖性或者可能存在的风险,应用一个系统范围内的测试包来证明系统最低限度的可操作性。

1. 方法(策略)

(1)在这种集成方式中,首先对每个模块分别进行单元测试。

(2)然后把所有单元组装在一起进行测试。

(3)最后得到符合要求的软件系统。

2. 目的

在最短的时间内把系统组装出来,并且通过最少的测试来验证整个系统。

3. 优点

(1)在有利的情况下,大爆炸集成可以迅速完成集成测试,并且只要极少数的驱动和桩模块设计(如果需要)。

(2)它需要的测试用例很少。

(3)该方法比较简单。

(4)多个测试人员可以并行工作,人力、物力资源的利用率较高。

4. 适用范围

(1)维护型项目(或功能增强型项目),其以前的产品已经很稳定,并且新增的项目只有少数几个组件被增加和修改。

(2)被测系统比较小,并且每个组件都经过了充分的单元测试。

(3)产品使用了严格的软件工程过程,并且每个开发阶段的质量和单元测试质量都非常高。

4.2.2　渐增式测试

当使用渐增测试方法把模块结合到程序中时,可以采用自顶向下集成测试、自底向上集成测试、核心系统先行集成测试及高频集成测试等。

1. 自顶向下集成测试

自顶向下集成是一个日益为人们广泛采用的测试和组装软件的途径。从主控制模块开始,沿着程序的控制层次向下移动,逐渐把各个模块结合起来。把附属于及最终附属于主控制模块的那些模块组装到程序结构中,使用深度优先的结合方法或者宽度优先的结合方法。

深度优先的结合方法:先组装在软件结构的一条主控制通路上的所有模块,然后选择一条主控制通路,这取决于应用的特点,并且有很大的任意性。

宽度优先的结合方法:沿软件结构水平移动,把处于同一个控制层次上的所有模块组装起来。

将模块结合到软件结构中的具体过程如下:

(1)对主控制模块进行测试,测试时用存根程序代替所有直接附属于主控制模块的模块。

（2）根据选定的结合策略（深度优先或宽度优先），每次用一个实际模块代换一个存根程序（新结合进来的模块往往又需要新的存根程序）。

（3）每结合一个模块，就进行一次测试。

（4）为了保证加入模块没有引进新的错误，必要时需要进行回归测试（即全部或部分地重复以前做过的测试）。

从过程（2）开始不断地重复进行上述过程，直到构造完整的软件结构为止。图 4.1 描绘了这个过程。自顶向下集成测试能够在测试的早期对主要的控制或关键的抉择进行检验。在一个分解好的软件结构中，关键的抉择位于层次系统的较上层，因此首先碰到。如果主要控制确实有问题，早期认识到这类问题是很有好处的，可以及早解决。如果选择深度优先的结合方法，可以在早期实现软件的一个完整的功能并且验证这个功能。早期证实软件的一个完整的功能，可以增强开发人员和用户双方的信心。

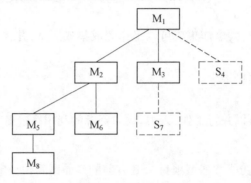

图 4.1　自顶向下集成

自顶向下集成测试看起来比较简单，但是实际使用时可能遇到逻辑上的问题。这类问题中最常见的是，为了充分测试软件系统的较高层次，需要在较低层次上进行处理。然而在自顶向下测试的初期，存根程序代替了低层次的模块，因此，在软件结构中没有重要的数据自下往上流。为了解决这个问题，测试人员有两种选择：

①把许多测试推迟到用真实模块代替了存根程序以后再进行。这种方法失去了在特定的测试和组装特定的模块之间的精确对应关系，这可能导致在确定错误的位置和原因时发生困难。

②从层次系统的底部向上组装软件。这种方法称为自底向上集成测试，下面对这种方法进行讨论。

2. 自底向上集成测试

自底向上测试"原子"模块（即在软件结构最底层的模块），从而开始组装和测试。因为测试是从底部向上结合模块，总能得到所需的下层模块处理功能，所以不需要存根程序。用下述步骤可以实现自底向上的结合策略：

（1）把低层模块组合成实现某个特定的软件子功能的族。

（2）写一个驱动程序（用于测试的控制程序），协调测试数据的输入和输出。

（3）对由模块组成的子功能族进行测试。

（4）去掉驱动程序，沿软件结构自底向上移动，把子功能族组合起来形成更大的子功能族。

上述步骤(2)~(4)实质上构成了一个循环。图 4.2 描绘了自底向上集成的过程。

随着结合向上移动,对测试驱动程序的需要也减少了。事实上,如果软件结构的顶部两层用自顶向下的方法组装,可以明显减少驱动程序的数目,而且族的结合也将大大简化。

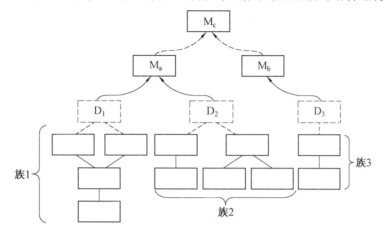

图 4.2　自底向上集成

3. 核心系统先行集成测试法

核心系统先行集成测试法的思想是先对核心软件部件进行集成测试,在测试通过的基础上再按各外围软件部件的重要程度逐个集成到核心系统中。每次加入一个外围软件部件都产生一个产品基线,直至最后形成稳定的软件产品。核心系统先行集成测试法对应的集成过程是一个逐渐趋于闭合的螺旋形曲线,代表产品逐步定型的过程。其步骤如下:

(1)对核心系统中的每个模块进行单独地、充分地测试,必要时使用驱动模块和桩模块。

(2)对于核心系统中的所有模块一次性集合到被测系统中,解决集成中出现的各类问题。在核心系统规模相对较大的情况下,也可以按照自底向上的步骤,集成核心系统的各组成模块。

(3)按照各外围软件部件的重要程度以及模块间的相互制约关系,拟定外围软件部件集成到核心系统中的顺序方案。方案经评审以后,即可进行外围软件部件的集成。

(4)在外围软件部件添加到核心系统以前,外围软件部件应先完成内部的模块级集成测试。

(5)按顺序不断加入外围软件部件,排除外围软件部件集成中出现的问题,形成最终的用户系统。

方案点评:该方法对于软件快速开发很有效果,适合较复杂系统的集成测试,能保证一些重要功能和服务的实现。其缺点是采用此法的系统一般应能明确区分核心软件部件和外围软件部件,核心软件部件应具有较高的耦合度,外围软件部件的内部也应具有较高的耦合度,但各外围软件部件之间应具有较低的耦合度。

4. 高频集成测试

高频集成测试是指同步于软件开发过程,每隔一段时间对开发团队的现有代码进行一次集成测试。如某些自动化集成测试工具能实现每日深夜对开发团队的现有代码进行一次集成测试,然后将测试结果发到各开发人员的电子邮箱中。该集成测试方法频繁地将新代码加入到一个已经稳定的基线中,以免集成故障难以发现,同时控制可能出现的基线偏差。使用高频集成测试需要具备一定的条件:可以持续获得一个稳定的增量,并且该增量内部已被验证没有问题;大部分有意义功能的增加可以在一个相对稳定的时间间隔(如每个工作日)内获得;测试包和代码的开发工作必须并行进行,版本控制工具用来保证始终维护的是测试脚本和代码的最新版本;必须借助于使用自动化工具来完成。高频集成的一个显著特点就是集成次数频繁,显然采用人工的方法是无法胜任的。

高频集成测试的步骤如下:

(1)选择集成测试自动化工具。如很多 Java 项目采用 JUnit+Ant 方案来实现集成测试的自动化,其他一些商业集成测试工具也可供选择。

(2)设置版本控制工具,以确保集成测试自动化工具所获得的版本是最新版本。如使用 CVS 进行版本控制。

(3)测试人员和开发人员负责编写对应程序代码的测试脚本。

(4)设置自动化集成测试工具,每隔一段时间对配置管理库新添加的代码进行自动化集成测试,并将测试报告汇报给开发人员和测试人员。

(5)测试人员监督代码开发人员及时关闭不合格项。

按照步骤(3)~(5)不断循环,直至形成最终软件产品。

方案点评:该测试方案能在开发过程中及时发现代码错误,能直观地看到开发团队的有效工程进度。在此方案中,开发维护源代码与开发维护软件测试包被赋予了同等的重要性,这对有效防止错误、及时纠正错误都很有帮助。该方案的缺点在于测试包存在不能暴露深层次的编码错误和图形界面错误的可能性。

4.2.3　小　　结

以上几种常见的集成测试方案,一般来讲,在现代复杂软件项目集成测试过程中,通常采用核心系统先行集成测试和高频集成测试相结合的方式进行,自底向上集成测试在采用传统瀑布式开发模式的软件项目集成过程中较为常见。读者应结合项目的实际工程环境及各测试方案的适用范围进行合理地选型。

一般来说,一种方法的优点正好对应于另一种方法的缺点。自顶向下集成测试的主要优点是不需要测试驱动程序,能够在测试阶段早期实现并验证系统的主要功能,而且能在早期发现上层模块的接口错误;主要缺点是需要存根程序,可能遇到与此相联系的测试困难,低层关键模块中的错误发现较晚。自底向上集成测试的优缺点与自顶向下集成测试的优缺点刚好相反。

测试实际的软件系统时,测试人员应根据软件的特点及工程进度安排选用适当的测试策略。一般来说,纯粹自顶向下或纯粹自底向上的策略可能都不实用,测试人员在实践中可以创造出许多混合策略:

(1)改进的自顶向下集成测试。基本上使用自顶向下集成测试,但是在早期用自底向上集成测试方法测试软件中的少数关键模块。一般自顶向下集成测试所具有的优点在这种测试方法中也都有,而且能在测试的早期发现关键模块中的错误;但是其缺点也比自顶向下集成测试多一条,即测试关键模块时需要驱动程序。

（2）混合法。将软件结构中较上层使用的自顶向下集成测试与对软件结构中较下层使用的自底向上集成测试相结合。这种方法兼有两种方法的优缺点，当被测试的软件中关键模块比较多时，这种混合法可能是最好的折中方法。

常见的两种混合增量式测试方式如下：

①衍变的自顶向下的增量式测试。其基本思想是强化对输入/输出模块和引入新算法模块的测试，并自底向上集成为功能相对完整且相对独立的子系统，然后由主模块开始自顶向下进行增量式测试。

②自底向上-自顶向下的增量式测试。首先对包含读操作的子系统自底向上直至根节点模块进行集成和测试，然后对包含写操作的子系统做自顶向下集成与测试。

4.3　集成测试的实施

4.3.1　集成测试的过程

集成测试划分为 5 个阶段，即计划阶段、设计阶段、实现阶段、执行阶段（实施阶段）及评估阶段。集成测试各个阶段包含的内容见表 4.1。

表 4.1　集成测试各个阶段包含的内容

活动	输入	输出	参与角色和职责
制订集成测试计划	设计模型 集成构建计划	集成测试计划	测试设计员辅助制订集成测试计划
设计集成测试	集成测试计划 设计模型	集成测试用例 测试过程	测试设计员负责设计集成测试用例和测试过程
实施集成测试	集成测试用例 测试过程 工作版本	测试脚本 测试过程	测试设计员负责编制测试脚本，更新测试过程
		驱动程序或稳定桩	设计员负责设计驱动程序和桩，实施员负责实施驱动程序和桩
执行集成测试	测试脚本 工作版本	测试结果	测试员负责执行测试并记录测试结果
评估集成测试	集成测试计划 测试结果	测试评估摘要	测试员负责会同集成员、编码员、设计员等有关人员评估此次测试，并生成测试评估摘要

4.3.2　集成测试前的准备工作

开发人员完成软件的单元测试后，将已经通过单元测试的软件模块提交给测试人员，由测试人员按照一定的集成方法和策略对软件各个模块进行组装，完成集成测试的实施工作。

测试人员要根据概要设计文档对各个模块设计桩和驱动模块，同时还要搭建测试环境，测试环境和开发人员所用的开发环境基本一致。

集成测试的准备工作具体如下:

1. 软件概要设计说明书

软件概要设计说明书是概要设计阶段的工作成果,它应说明功能分配、模块划分、程序的总体结构、输入输出以及接口设计、运行设计、数据结构设计和出错处理设计等,为详细设计提供基础,并为测试人员设计集成测试用例提供依据。

概要设计完毕后,测试人员要阅读《概要设计说明书》,了解整个系统的组织结构和开发人员制订的开发顺序,先从整体把握该系统,选择适当的集成策略,并根据接口描述和主要功能描述制订集成测试计划、设计和用例,根据《概要设计说明书》设计每个被测试模块的驱动和桩模块,并根据《需求规格说明书》和《概要设计说明书》针对每个模块所实现的功能设计测试用例,针对每个模块的输入参数设计不同的数据进行测试。设计测试用例的方法主要有黑盒测试方法、等价类划分法、边界值法及因果分析法。

2. 人员安排

综合测试既要求参与人员熟悉单元的内部细节,又要求他们能够从足够高的层次上观察整个系统,因此一般由主要的软件开发者协助测试人员来完成集成测试设计。

3. 集成测试计划的制订

制订测试计划如下:

(1)阐述项目背景。

(2)定义集成测试环境。

(3)确定集成测试范围(决定测试粒度)。

(4)建立测试通过和失败的准则。

(5)估计人力和其他资源。

(6)估计工作量。

(7)做相关的风险估计和防范方法,《集成测试说明》需要同行评审。

(8)根据概要设计确定整个集成测试的测试策略和方法,集成测试设计。

(9)将集成测试设计转变为简明易懂的集成测试用例。

根据集成测试设计对环境的要求,编制测试程序和测试工具(或选购工具),构造测试用例的输入数据。

在单元测试完成后,按照集成测试用例进行集成测试。

对于集成测试,采用的是以黑盒测试为主、白盒测试为辅的策略。测试具体软件时,由于软件模块数量较多,可以与项目经理和测试经理协调,着重测试重要的和易出错的模块。在测试过程中发现的问题主要记载在 Bug 记录系统中,同时也可以用打电话和发邮件的方式与项目组其他人员沟通。在集成测试过程中,应与概要设计人员充分沟通,确认各个模块的接口关系是否和概要设计一致。在提交一些 Bug 后,及时提醒开发人员进行修改。

4.3.3　集成测试在实施过程中的注意事项

1.集成测试环境的搭建

测试人员首先要了解系统的开发环境、使用的开发语言和开发工具,以便提出必要的资源需求。根据这些信息搭建集成测试的运行环境。集成测试的运行环境包括操作系统、数据库与开发软件,应与研发人员的开发环境保持一致。设置系统运行所需的参数及数据初始化工作,测试环境的搭建可由开发人员协助测试人员完成。

2.桩或驱动的制造

在集成测试过程中,测试人员需要根据集成测试策略的选取来决定是否在测试中制造桩或驱动,在大多数集成测试中需要使用驱动和桩加载被测试模块,然后输入测试数据进行测试并查看测试结果。针对不同的代码版本,驱动和桩一般不需要改变,但是测试用例可能需要完善。

(1)制造桩。制造桩的目的是模拟待测系统运行的实际环境,为其提供可用来调用的模块。桩和待测系统的关系是待测系统调用桩,桩是用来满足待测系统调用其他功能模块的需要。例如,测试一支笔能否写字,就要拿来一张纸,这张纸就是测试笔时所使用的桩。如果为一个类制造桩,应考虑该类中定义使用的其他类的实例(对象),即要搞清该类都使用了哪些外部资源,然后以最简单的方式来提供这些资源。制造桩的问题一般都会归结到编写函数上,即便这个桩是一个类。当待测模块调用一个有返回值的函数时,测试人员就可以编写一个简单的返回数值的函数供其调用;当待测模块调用无返回值的函数时,测试人员就编写一个打印简单提示信息的函数供其调用,仅仅用来提示函数得到调用。

(2)制造驱动。制造驱动的目的是模拟待测系统运行的实际环境,提供调用待测系统的模块。驱动和待测系统的关系是驱动调用待测系统,驱动用来满足待测系统被其他模块调用的需要。仍然用测试笔写字的例子,只有笔(待测系统)和纸(桩)不能实现写字,还必须用一只手拿着笔才可以,这时的“手”即是驱动。如果为一个类制造驱动,所要关心的是该类提供了哪些供调用的公有函数,即应了解怎样才能使用这个类的功能。然后在驱动模块中对这些函数进行调用,观察这些函数的工作情况。这时就需要对函数的调用参数、调用方式等方面设计测试用例。

3.集成测试的测试点

(1)接口测试。

测试模块间的接口是否吻合。

(2)数据传递测试。

在把各个模块连接起来时,测试穿越模块接口的数据是否会丢失。例如,调用函数获得返回值、不同的模块使用同一个数据等情况。

(3)误差积累测试。

由于原来可接受的误差积累可能导致结果不可以接受,因此在测试方案中要考虑哪些模块会产生误差,误差是否会积累,误差以什么方式增长。

(4)全局数据测试。

考虑全局数据的有效期,在有效期内对其操作是否合理,是否存在使用过期数据的情况。

（5）副作用测试。

测试某一个模块的功能是否会对另一个模块的功能产生不利影响。如抢占资源、破坏数据、安全漏洞、性能瓶颈等。

（6）组装功能测试。

子功能组合是否能达到父功能的预期要求。

（7）界面风格测试。

测试每个界面风格搭配是否合理。

（8）回归测试。

在问题修改后，要对所有相关模块再进行一轮测试，验证本次修改是否产生副作用。

4.集成测试的操作步骤

假定开发的软件系统按自底向上集成的方式进行测试。这种方法是将底层的单元分组集成测试，然后再逐步向上将软件集成起来，直到最后所有单元都在一个组中。测试可按下列步骤进行：

（1）将最底层的功能模块进行分组，原则是将那些与上层某个功能模块相关联的模块分为一组。

（2）对每组分别进行测试，各组测试可并行展开，这样可以加快测试的进程。

（3）沿软件的结构逐级向上集成，直到所有单元都组合到一起，这样就完成了集成测试的任务。

集成测试阶段以黑盒测试为主，在自底向上集成的早期，白盒法测试占一定比例，随着集成测试的不断深入，这种比例在测试过程中将越来越少，黑盒测试逐渐占据主导地位。

4.3.4　完成集成测试

测试人员可通过以下几方面判定集成测试过程是否完成：

（1）成功地执行了测试计划中规定的所有集成测试。

（2）修正了所发现的错误。

（3）测试结果通过了专门小组的评审。

集成测试应由专门的测试小组来进行，测试小组由有经验的系统设计人员和程序员组成。整个测试活动要在评审人员出席的情况下进行。

在完成预定的组装测试工作之后，测试小组应负责对测试结果进行整理、分析，形成测试报告。测试报告中要记录实际的测试结果、在测试中发现的问题、解决这些问题的方法以及解决之后再次测试的结果。此外，还应提出不能解决、还需要管理人员和开发人员注意的一些问题，提供测试评审和最终决策，以提出处理意见。

4.4　集成测试工具及框架

集成测试工具很多，许多软件开发测试工具要么连接后端单元进行测试，要么用于集成测试的全功能工作流测试。集成测试的目标是确保独立组件协同工作。换句话说，集成测试是验证组件组合或功能性属性的工作流。集成测试发生在单元测试之后，往往与功能及回归测试并发进行。

4.4.1　集成测试工具介绍

集成测试工具可以用来辅助组织创建框架,开发集成测试包,进行常规或基于需求的测试。

1. Vector Software

Vector Software 的 VectorCAST 工具可执行单元测试和集成测试。每个单元首先进行独立测试,然后单元测试模块再集成到一组里执行集成测试后得到结果。Vector Software 工具的操作原则:单元测试针对单个组件执行,与外部系统没有依赖或连接。集成测试则是把单元测试组合进逻辑模块当中作为一个集合或一组来执行,以便验证逻辑模块工作是否如预期完成。

VectorCAST 支持 C++和 Ada 编程语言。该工具提供了一个框架,以便开发者可以一并进行自动化单元及集成测试。Vector Software 还提供了一个独立的工具——VectorCAST/RSP,它可以针对服务器或仿真器自动执行。

英国 LDRA 公司为需要验证合规性的组织提供了一组工具——LDRA 工具包,用于集成测试。LDRA 工具包是一个开放、扩展性平台,可用于集成测试,并针对各种目标平台提供跟踪能力、统计分析及动态分析。这些单元及集成测试工具包括:

(1)TBrun,用于自动化单元测试与系统级集成测试。

(2)LDRAUnit,该独立工具为单元测试提供了一个集成环境。

(3)TBeXtreme,是 TBrun 或 LDRAUnit 的可选项,为测试向量生成提供了一个自动化的测试解决方案。

LDRA 工具包括一个针对目标硬件,以单元级和系统级生成、执行集成测试的框架,具有测试向量及代码存根等测试生成能力。

2. Citrus

Citrus 为 SOAP、REST 及 JMS 系统提供了集成测试工具。通常,测试是针对各种通过消息传输系统与 Citrus 进行交互的系统进行的。Citrus 有能力在消息的两端扮演客户端、服务器或同时充当请求及响应消息。每个测试步骤都可以设置为同时验证消息和数据。Citrus 测试是自动进行的,还能够充当单独的集成测试,或者作为持续集成开发方法论的一部分。

Citrus 测试还有能力验证 XML、JSON 及文本消息请求与响应数据。该工具为以下领域提供了集成测试:

(1)客户端与服务器端的界面仿真及模拟器。

(2)持续开发周期期间执行自动化测试。

(3)消息传输连接性的集成测试。

(4)验证消息头与消息体。

该工具可用于强制进行超时设定、创建错误信息并发送消息序列。此外,消息测试可配置为等待消息、触发另一个消息,并验证响应,而且可以设置响应消息的格式。用户可以针对数据建立集成测试包,包括对内容执行查询。Citrus 还可以支持集成开发环境、Eclipse 下的 TestNG 或 JUnit、IntelliJ、IDEA 及 NetBeams。Citrus 提供测试报告,还可以提供测试计划和数据覆盖,用作集成测试管理工具。

3. MOCO

MOCO 的开发灵感来自于 Mock 框架,例如 Mockito 和 Playframework。作为一种 Java 创新技术,它对软件开发的集成测试过程进行了简化,解决了一个企业级开发项目中长期存在的痛点。作为一个简单搭建的 Stub 框架,MOCO 让开发团队只根据需要进行相应的设置,就可以获得一个模拟服务器,大大简化了开发集成测试的重复性工作。而由于 MOCO 本身的灵活性,也有用户将其模拟为尚未开发的服务或者完整的 Web 服务器,用于移动开发和前端开发。

目前,MOCO 支持两种使用方式:一种是通过 Java API,在单元测试框架内通过简单配置运行一个模拟服务;另一种是独立服务器的方式,用户可以通过一个配置文件来配置模拟服务器。无论采用哪种使用方式,MOCO 都可以提供 DSL,直白地表现目的,同时启动速度快,不需要长时间的等待。此外,MOCO 还与 Maven、Gradle 实现了良好的集成。

4. 用 xUnit 连接单元测试

xUnit 框架供开发者用于编写单元级或组件级测试,但并不局限于单个测试用途,视开发团队集成的系统组件类型而定。xUnit 频繁用于集成测试或任何其他非用户界面测试。

采用 xUnit 框架进行集成测试的优势是不需要连接数据库或应用服务器,而且测试往往会在开发服务器上自动执行。xUnit 可用于各种开发工具,每当代码提交上去后或在进行新的编译后就会自动执行。许多公司都把 xUnit 和 CruiseControl 或 Subversion 开发测试工具一并使用,以便在一个持续集成开发系统内为回归测试和集成测试创建自动测试集。具有挑战性的一项任务是创建好的、彻底的单元测试,这些测试必须能执行单个组件,同时还必须开发有用的集成测试,通过连接的组件来评估功能性。

4.4.2　集成测试框架 MOCO

软件测试可以分为单元测试、集成测试、系统测试和验收测试。而集成测试界于单元测试和系统测试之间,起到"桥梁作用",一般由开发小组采用白盒测试加黑盒测试的方式进行测试,既验证"设计"又验证"需求",主要用来测试模块与模块之间的接口,同时还要测试一些主要业务功能。集成测试也称组装测试或联合测试,是单元测试的逻辑扩展。

1. Web 集成进程测试

在很多时候,Web 应用程序往往会成为项目的瓶颈,以至于影响整个项目的按时发布。那么不禁要问,为什么会出现这样的情况呢? 是什么在阻碍项目的进度? 在深入探讨这个问题之前,先回忆一个典型的 Web 项目开发所经历的过程,从而寻找出问题的根源。

从开发流程上看,它与其他产品的开发没有本质区别,无外乎立项、审核、开发、集成、测试及维护这些具体的过程。每个步骤参与的人员和行为也都大同小异,然而很多 Web 项目总是在集成测试环节出现这样或者那样的问题。(当然集成测试符合普氏原理,其他产品的开发也会遇到这样棘手的问题,只是 Web 显得更加明显和突出罢了。)其实这和具体的 Web 项目没有多大关系,我们需要将思维跳出具体项目本身,从整个产品的角度来看待问题,这样就很容易找到关键点。下面换个角度来看这个问题:

客户→Web/客户端→系统基础软件。

从上面的关系可以看到,作为"食物链"顶端的 Web 项目往往起着一个"中间人"的角色,在它之下是系统软件(如操作系统本身或者其上的中间件),而在它之上往往直接面对客户。在软件开发的经典教程里,总是将这种处于中间衔接层的软件设计称为鲁棒性。也就是说,它需要的是某种颠覆性的 OUTPUT,将具体的需求转化为实际可以操作的架构设计,这样的一个"中间人"往往在一个产品的生命周期中扮演着举足轻重的角色。

2. Web 集成测试的痛点

Web 项目区别于其他项目的本质原因是,它直接面对需求的提出者——客户,而这部分的需求变动也是最为活跃的。也就是因为这样,往往很多时候我们对于 Web 的开发要求就是"快速"！但这样的观点仅仅限于在 UI 或者 Web 编程方面,对于与底层系统的集成往往束手无策。因为底层系统一般来说是公司产品的核心内容,也遵循着典型的产品开发模式,在需求变更方面也显得很谨慎、很小心。面对突如其来的需求变动,底层系统往往很难跟上节奏,而且很多时候 Web 的开发和底层系统的开发是分开的,或者分属于不同的开发部门,即使是一个方法级别的调用,也会浪费掉很多的沟通成本,接口的变更或者是 API 的向下兼容都是翻来覆去争论的话题。由于用户所处的开发领域不同,工作的方式、方法不同,甚至是编程语言的差别,这些问题最终会暴露在集成测试里,从而影响整体项目的开发进度。

3. MOCO 概述

MOCO 是一个简单的搭建模拟服务器的程序库/工具,它基于 Java 开发的开源项目已经在 Github 上获得了不少的关注。该项目是这样描述自己的:MOCO 是一个简单搭建 Stub 的框架,主要用于测试和集成。

为什么要开发这个框架呢?

集成,尤其是基于 HTTP 协议的集成——Web Service、REST 等,在项目开发中被广泛应用。以前,我们每次都要往 Jetty 或 Tomcat 等应用服务器上部署一个新的 WAR。但开发部署一个 WAR 的过程很枯燥,即使在嵌入式服务器上也是如此。而且,每次做一点改动,整个 WAR 都要重新组装。

MOCO 的出现正是为了解决这些问题。开发团队只要根据自己的需要进行相应的配置,就会很方便地得到一个模拟服务器。而且,由于 MOCO 本身的灵活性,其用途已经不再局限于最初的集成测试。比如,MOCO 可以用于移动开发,模拟尚未开发的服务;MOCO 还可以用于前端开发,模拟一个完整的 Web 服务器等。

2013 年 MOCO 框架被提名为最具创新力的 Java 项目之一,在 Twitter 上得到了 Martin Fowler 的关注。

4. MOCO 下的 Hello World

(1)配置 Java 环境。

下载 Java 程序,并设置好系统环境变量(PATH、JAVA_HOME)。

(2)安装并配置 Gradle。

具体可以参考 http://www.gradle.org/。按照下列步骤安装 MOCO:

①获取 MOCO 源文件。

● 使用 git 命令,获取最新的代码。

git clone https://github.com/dreamhead/moco.git

- 也可以直接下载编译好的 Jar 文件,目前是 0.9.1。
- 编译源代码,生成 Jar 文件(如果是已编译好的 Jar 文件,可以忽略这个步骤),在命令行执行如下命令:

cd <moco directory>

- /gradlew build

编写配置文件,以简单的 Hello World 为例:

```
{
    "response" :
        {
            "text" : "Hello,MOCO"
        }
}
```

将文件以 json 为后缀存储,比如 foo.json。

②启动 MOCO 服务。

在命令行输入:

java -jar moco-runner-<version>-standalone.jar start -p 12306 -c foo.json

注:-p 指定 MOCO 服务端口(目前仅指 Web 端口)。

③访问 Web 服务。

打开浏览器,访问 http://localhost:12306,就可以立即看到久违了的"Hello World"。

5. MOCO 的复杂实例

【实例 1】　带参数的 HTTP 请求。

有些时候我们希望能够在请求的同时传递相应的参数。这时需要用到"queries"关键字。

(1)配置文件。

```
{
    "request" :
        {
            "uri" :"/foo" ,
            "queries" :
                {
                    "param" :"blah"
                }
        }
    "response" :
        {
            "text" :"bar"
        }
}
```

(2)启动浏览器,并访问。

http：//localhost：12306/foo？ parm＝blash。

【实例2】 基于正则表达的 URL 匹配。

在很多对 URL 请求的测试中，我们希望对于多个相似的 URL 都返回相同的结果。

（1）配置文件。

```
{
  "request" :
    {
      "uri" :
        {
          "match" : "/\\w * /foo"
        }
    }
  "response" :
    {
      "text" : "bar"
    }
}
```

（2）启动浏览器。

在地址栏输入多个地址(/foo 前带有任意字符，比如 http：//localhost：12306/×××/foo)。

【实例3】 跳转。

页面的自动跳转也是经常在 Web 开发中遇到的问题之一。

（1）配置文件。

```
{
  "request" :
    {
      "uri" :"/redirect"
    }
  "redirectTo" :"http：//www. github. com"
}
```

（2）启动浏览器访问 http：//localhost：12306/redirect。

页面将会被自动导向到 http：//www. github. com。

【实例4】 返回 JSON 对象。

在 Web 开发中，对于 JSON 的操作是最典型的应用。

（1）配置文件。

```
{
  "request" :{
      "uri" :"/json"
        }
  "response" :{
      "json" :{
```

```
            "foo" : "bar"
          }
      }
}
```

（2）启动浏览器访问 http://localhost:12306/json，页面上会显示输出的 JSON 对象。

6. MOCO 高级用法

在 MOCO 里还可以发现一些高级用法，如 Asynchronous、Template 等。具体用法请参阅 MOCO 文档，这里仅以 Asynchronous 为例进行介绍。

编写配置文件：

```
{
    "request" : {
        "uri" : "/event"
          }
    "response" : {
        "text" : "event"
          }
    "on" : {
        "complete" : {
            "async" : "true",
            "post" : {
                "url" : "http://another_site",
                "content" : "content"
              }
          }
      }
}
```

那么对于 /event 的访问，将会是异步的。也就是说，数据并不会立即返回，而是要等到对 http://another_siter 访问结束后，才会将结果放到 Response 里。

7. MOCO 的 API 用法

前面的这些用法在 MOCO 里被称为"Standalone"，它强调了 MOCO 的简单性和可配置性，而 MOCO 的 API 是其另一个特色，它更加关注在测试用例里如何使用 MOCO。

下面先看一个基于 MOCO 的典型测试用例：

```
import org. junit. Test;
importjava. io. IOException;
import com. github. dreamhead. moco. HttpServer;
import org. apache. http. client. fluent. Content;
import org. apache. http. client. fluent. Request;
import com. github. dreamhead. moco. Runnable;
import static com. github. dreamhead. moco. MOCO. * ;
import static com. github. dreamhead. moco. Runner. * ;
import static org. hamcrest. core. Is. is;
```

```
import static org. junit. Assert. assertThat;

@ Test
public void should_response_as_expected( ) throws Exception {
    HttpServer server = httpserver( 12306) ;
    server. response( "foo") ;

    running( server, new Runnable( ) {
        @ Override
        public void run( ) throws IOException {
            Content content = Request. Get( "http://localhost:12306") . execute( ).
            returnContent( ) ;
            assertThat( content. asString( ) , is( "foo") ) ;
        }
    } ) ;
}
```

上面的测试用例描述了如何启动 MOCO 以及调用相应的帮助方法来编写测试。

有时我们希望测试用例本身能够控制 Server 的启动和关闭,这里要用到@ Before、@ After 这些 JUnit 里最常用的注释。

```
import org. junit. After;

import org. junit. Before;

import org. junit. Test;

importjava. io. IOException;

import static com. github. dreamhead. moco. MOCO. httpserver;

import static com. github. dreamhead. moco. Runner. runner;

import static org. hamcrest. CoreMatchers. is;

import static org. junit. Assert. assertThat;

public class MOCORunnerTest {
    private Runner runner;

    @ Before
    public void setup( ) {
        HttpServer server = httpserver( 12306) ;
        server. response( "foo") ;
        runner = runner( server) ;
        runner. start( ) ;
        helper = new MOCOTestHelper( ) ;
    }

    @ After
    public void tearDown( ) {
```

```
        runner. stop( ) ;

    }

    @ Test
    public void should_response_as_expected( ) throws IOException {
        Content content = Request. Get( "http://localhost:12306" ). execute( ). returnContent( );
        assertThat( content. asString( ) ,is( "foo" ) ) ;
    }

}
```

8. MOCO + Web 集成测试案例

了解了 MOCO 的具体使用方法后来看一个真实的基于 MOCO 的案例,从而理解为什么 MOCO 对于 Web 开发人员来说是革命性的。

用例:在 Web 上调用 Ajax 获取服务器端的版本(Version)号,并根据返回的值显示不同的提示信息。

分析:面对这样的需求,我们很容易看出这个用例本身关注的是"显示不同的提示信息"这个功能,至于返回的 version 值,用户根本不必关心,或者说这属于系统内部的逻辑。

下面先来了解以前的做法:

(1)安装并配置好 Web Server (Tomcat or Apache)。

(2)建立必要的 Web 工程文件,导入与项目相关的框架,如 struts2。

(3)如果底层系统是 Java 本身,则需要导入或者编译相关的 jar 文件;如果用其他语言开发底层,就需要转到步骤(4)。

(4)搭建底层开发环境,或者在编译机器上编译 Lib 或 so 文件,在确保能够运行的情况下(需要测试脚本)导入到项目当中。

(5)发布 Web 应用并测试,如果底层 API 有变动或者方法调用错误,需要再次运行步骤(4)。

(6)编写并测试 ajax 逻辑。

下面介绍基于 MOCO 的开发步骤。

①编写配置文件。

```
{
"env" : "remote" ,
"include" : "foo. json" ,
} ,
{
"env" : "local" ,
"include" : "bar. json" ,
}
```

②启动 MOCO 服务。

```
java -jar moco-runner-<version>-standalone. jar start -p 12306 -g env. json -e remote
```

在很多时候,我们往往将时间浪费在步骤(3)(4)中,即使已经有编译好的 Lib 或者 so 文件,还是存在着测试的必要和风险。Web 的开发人员一方面要完成自己的开发任务,另一方面还要扮演底层代码测试员的角色。

③编写 Web 应用,调用 ajax 请求。

MOCO 让开发人员更关注应用本身,而不必将时间和精力花费在 Lib 或者 so 的可用性上,而且没有复杂的 Web 容器配置,切实关注的就是功能本身。

同时,它的 API 有利于 Web 开发者编写测试用例,将以前部门之间的无效沟通建立在可度量的测试用例之上,从而提高 Web 集成测试的可靠性,并有效地降低集成测试的风险。

4.4.3　集成测试框架

集成测试(Spring TestContext)是在单元测试之上,通常是将一个或多个已进行过单元测试的组件组合起来完成的,即集成测试中一般不会出现 Mock 对象,都是实实在在的真实实现。

对于单元测试,例如,前面在进行数据访问层单元测试时,通过 Mock HibernateTemplate 对象将其注入相应的 DAO 实现,此时单元测试只测试某层的某个功能是否正确,对其他层如何提供服务需要采用 Mock 方式。

对于集成测试,当进行数据访问层集成测试时,需要实实在在的 HibernateTemplate 对象,然后将其注入相应的 DAO 实现,此时集成测试不仅测试该层功能是否正确,还测试服务者提供的服务是否正确。

使用 Spring 的一个好处是能非常简单地进行集成测试,无须依赖 Web 服务器或应用服务器即可完成测试。Spring 通过提供一套 TestContext 框架来简化集成测试,使用 TestContext 测试框架能获得许多好处,如 Spring IoC 容器缓存、事务管理、依赖注入、Spring 测试支持类等。

Spring TestContext 提供了一些通用的集成测试支持,主要提供如下支持。

1. 上下文管理及缓存

对于每个测试用例(测试类)应该只有一个上下文,而不是每个测试方法都创建新的上下文,这样有助于减少启动容器的开销,提高测试效率。可通过如下方式指定要加载的上下文:

Java 代码:

```
1. @ RunWith( SpringJUnit4ClassRunner. class)
2. @ ContextConfiguration(
3.    locations = {"classpath:applicationContext-resources-test. xml",
4.                "classpath:cn/javass/point/dao/applicationContext-hibernate. xml"})
5. public class GoodsHibernateDaoIntegrationTest {
6. }
```

● locations:指定 Spring 配置文件位置。

● inheritLocations:如果默认为 false,表示屏蔽掉父类中使用该注解指定的配置文件位置;如果默认为 true,表示继承父类中使用该注解指定的配置文件位置。

2. Test Fixture(测试固件)的依赖注入

Test Fixture 指运行测试时需要的任何东西,一般通过@ Before 定义的初始化 Fixture 方法准备这些资源,而通过@ After 定义的销毁 Fixture 方法销毁或还原这些资源。

Test Fixture 的依赖注入就是使用 Spring IoC 容器的注入功能准备和销毁这些资源。可通过如下方式注入 Test Fixture：

　　Java 代码：

1. @ Autowired

2. private IGoodsDao goodsDao；

3. @ Autowired

4. private ApplicationContext ctx；

即可以通过 Spring 提供的注解实现 Bean 的依赖注入，来完成 Test Fixture 的依赖注入。

3. 事务管理

开启测试类的事务管理支持，即使用 Spring 容器的事务管理功能，从而可以独立于应用服务器完成事务相关功能的测试。为了使测试中的事务管理起作用，需要通过如下方式开启测试类事务的支持：

　　Java 代码：

1. @ RunWith(SpringJUnit4ClassRunner. class)

2. @ ContextConfiguration(

3.　　　locations = { " classpath：applicationContext-resources-test. xml"，

4.　　　　　　　" classpath：cn/javass/point/dao/applicationContext-hibernate. xml" })

5. @ TransactionConfiguration(

6. transactionManager = " txManager"， defaultRollback = true)

7. public class GoodsHibernateDaoIntegrationTest {

8. }

Spring 提供如下事务相关注解来支持事务管理：

● @ Transactional：使用 @ Transactional 注解的类或方法将得到事务支持。

● transactionManager：指定事务管理器。

● defaultRollback：是否回滚事务，默认为 true，表示回滚事务。

Spring 还通过提供如下注解来简化事务测试：

● @ Transactional：使用 @ Transactional 注解的类或方法表示需要事务支持。

● @ NotTransactional：只能注解方法，使用 @ NotTransactional 注解方法表示不需要事务支持，即不在事务中运行。从 Spring 3 开始已不推荐使用。

● @ BeforeTransaction 和 @ AfterTransaction：使用这两个注解的方法定义了在一个事务性测试方法之前或之后执行的行为，且被注解的方法将运行在该事务性方法的事务之外。

● @ Rollback (true)：默认为 true，用于替换 @ TransactionConfiguration 中定义的 defaultRollback 指定的回滚行为。

4. 常用注解支持

Spring 框架提供如下注解来简化集成测试：

（1）@ DirtiesContext：表示每个测试方法执行完毕需关闭当前上下文，并重建一个全新的上下文，即不缓存上下文。可应用到类或方法级别，但在 JUnit 3.8 中只能应用到方法级别。

（2）@ ExpectedException：表示被注解的方法预期将抛出一个异常，使用如

@ ExpectedException(NotCodeException. class)来指定异常,定义方式类似于 JUnit 4 中的@ Test(expected = NotCodeException. class),@ ExpectedException 注解和@ Test(expected =···)应该两者选其一。

（3）@ Repeat:表示被注解的方法应被重复执行多少次,使用如@ Repeat(2)方式指定。

（4）@ Timed:表示被注解的方法必须在多长时间内运行完毕,超时将抛出异常,使用如@ Timed(millis=10)方式指定,单位为毫秒。注意,此处指定的时间是如下方法执行时间之和:测试方法执行时间(或者任何测试方法重复执行时间之和)、@ Before 和@ After 注解的测试方法之前和之后执行方法的执行时间。而 JUnit 4 中的@ Test(timeout=2)指定的超时时间只是测试方法执行的时间,不包括任何重复等。

（5）除了支持如上注解外,还支持第 12 章中依赖注入等注解。

5. TestContext 框架支持类

提供对测试框架的支持,如 JUnit、TestNG 测试框架,用于集成 Spring TestContext 和测试框架来简化测试。TestContext 框架提供如下支持类:

（1）JUnit 3.8 支持类。

提供对 Spring TestContext 框架与 JUnit3.8 测试框架的集成:

AbstractJUnit38SpringContextTests:测试类继承该类后将获取到 Test Fixture 的依赖注入好处。

AbstractTransactionalJUnit38SpringContextTests:测试类继承该类后除了能得到 Test Fixture 的依赖注入好处外,还额外获取到事务管理支持。

（2）JUnit 4.5+支持类。

提供对 Spring TestContext 框架与 JUnit4.5+测试框架的集成:

AbstractJUnit4SpringContextTests:测试类继承该类后将获取到 Test Fixture 的依赖注入好处。

AbstractTransactionalJUnit4SpringContextTests:测试类继承该类后除了能得到 Test Fixture 的依赖注入好处外,还额外获取到事务管理支持。

（3）定制 JUnit 4.5+运行器:通过定制自己的 JUnit 4.5+运行器,无须继承 JUnit 4.5+支持类即可完成需要的功能,如 Test Fixture 的依赖注入、事务管理支持。

@ RunWith(SpringJUnit4Class Runner. class):使用该类注解到测试类上表示将集成 Spring TestContext 和 JUnit 4.5+测试框架。

@ TestExecutionListeners:该注解用于指定 TestContext 框架的监听器以及与 TestContext 框架管理器发布的测试执行事件进行交互。TestContext 框架提供如下三个默认的监听器:Dependency Injection Test Execution Listener、Dirties Context Test Execution Listener 和 Transactional Test Execution Listener,分别完成对 Test Fixture 的依赖注入、@ DirtiesContext 支持和事务管理支持,即在默认情况下将自动注册这三个监听器,另外还可以使用如下方式指定监听器:

Java 代码:

1. @ RunWith(SpringJUnit4ClassRunner. class)

2. @ TestExecutionListeners(｛｝)

3. public class GoodsHibernateDaoIntegrationTest ｛

4.｝

如上配置将通过定制的 JUnit4.5+运行器运行,但不会完成 Test Fixture 的依赖注入和事务管理等,如果只需要 Test Fixture 的依赖注入,可以使用@ TestExecutionListeners(｛DependencyInjectionTestExecutionListener. class｝)指定。

(4)TestNG 支持类。

提供对 Spring TestContext 框架与 TestNG 测试框架的集成:

AbstractTestNGSpringContextTests:测试类继承该类后将获取到 Test Fixture 的依赖注入好处。

AbstractTransactionalTestNGSpringContextTests:测试类继承该类后除了能得到 Test Fixture 的依赖注入好处,还额外获取到事务管理支持。

到此,Spring TestContext 测试框架介绍完毕,接下来学习如何进行集成测试。

6. 准备集成测试环境

集成测试环境的各种配置应该和开发环境或实际生产环境配置相分离,即集成测试时应该使用单独搭建一套独立的测试环境,不应使用开发环境或实际生产环境的配置,从而保证测试环境、开发环境、生产环境相分离。

(1)拷贝一份 Spring 资源配置文件 applicationContext-resources. xml,并命名为 applicationContext-resources-test. xml,用于集成测试,并修改如下内容:

Java 代码:

```
1. <beanclass = "org. springframework. beans. factory. config. PropertyPlaceholderConfigurer">
2.    <property name = "locations">
3.         <list>
4.             <value>classpath:resources-test. properties</value>
5.         </list>
6.    </property>
7. </bean>
```

(2)拷贝一份替换配置源数据的资源文件(resources/resources. properties),并命名为 resources-test. properties,表示用于集成测试使用,并修改为以下内容:

Java 代码:

```
db. driver. class = org. hsqldb. jdbcDriver
db. url = jdbc:hsqldb:mem:point_shop
db. username = sa
db. password =
#Hibernate 属性
hibernate. dialect = org. hibernate. dialect. HSQLDialect
hibernate. hbm2ddl. auto = create-drop
hibernate. show_sql = false
hibernate. format_sql = true
```

①jdbc:hsqldb:mem:point_shop:在集成测试时将使用 HSQLDB,并采用内存数据库模式运行。

②hibernate. hbm2ddl. auto = create-drop:表示在创建 SessionFactory 时根据 Hibernate 映

射配置创建相应 Model 的表结构,并在 SessionFactory 关闭时删除这些表结构。

到此,测试环境修改完毕,在进行集成测试时一定要保证测试环境、开发环境、实际生产环境相分离,即对于不同的环境使用不同的配置文件。

7. 数据访问层

数据访问层的集成测试同单元测试有相同的目的,不但测试该层定义的接口实现方法的行为是否正确,而且测试与数据库交互是否正确,是否发送并执行了正确的 SQL,SQL 执行成功后是否正确地组装了业务逻辑层所需要的数据。

数据访问层集成测试不再通过 Mock 对象与数据库交互的 API 来完成测试,而是使用确实存在的与数据库交互的对象来完成测试。

接下来介绍数据访问层集成测试的方法。

(1)在 test 文件夹下创建测试类。

Java 代码:

```
package cn. javass. point. dao. hibernate;
//省略 import
@ RunWith( SpringJUnit4ClassRunner. class)
@ ContextConfiguration(
    locations = { "classpath:applicationContext-resources-test. xml" ,
                "classpath:cn/javass/point/dao/applicationContext-hibernate. xml" } )
@ TransactionConfiguration( transactionManager = "txManager" , defaultRollback=false)
public class GoodsHibernateDaoIntegrationTest {
    @ Autowired
    private ApplicationContext ctx;
    @ Autowired
    private IGoodsCodeDao goodsCodeDao;
}
```

①@ RunWith(SpringJUnit4ClassRunner. class):表示使用自己定制的 JUnit 4. 5+运行器来运行测试,即完成 Spring TestContext 框架与 JUnit 集成。

②@ ContextConfiguration:指定要加载的 Spring 配置文件,此处注意 Spring 资源配置文件为"applicationContext-resources-test. xml"。

③@ TransactionConfiguration:开启测试类的事务管理支持配置,并指定事务管理器和默认回滚行为。

④@ Autowired:完成 Test Fixture(测试固件)的依赖注入。

(2)写完测试支持后还要测试分页查询所有已发布的商品是否满足需求。

java 代码:

```
@ Transactional
@ Rollback
@ Test
public void testListAllPublishedSuccess( ) {
    GoodsModel goods =new GoodsModel( );
    goods. setDeleted( false);
```

```
goods. setDescription("");
goods. setName("测试商品");
goods. setPublished(true);
goodsDao. save(goods);
Assert. assertTrue(goodsDao. listAllPublished(1). size() == 1);
Assert. assertTrue(goodsDao. listAllPublished(2). size() == 0);
}
```

①@ Transactional：表示测试方法将允许在事务环境使用。

②@ Rollback：表示替换@ ContextConfiguration 指定的默认事务回滚行为，即将在测试方法执行完毕时回滚事务。

数据访问层的集成测试也是非常简单的，与数据访问层的单元测试类似，只对复杂的数据访问层代码进行测试。

8. 业务逻辑层

业务逻辑层集成测试的目的同样是测试该层的业务逻辑是否正确，对于数据访问层实现通过 Spring IoC 容器完成装配，即使用真实的数据访问层实现来获取相应的底层数据。

下面介绍业务逻辑层集成测试的方法。

（1）在 test 文件夹下创建测试类。

java 代码：

```
@ ContextConfiguration(
locations = {"classpath:applicationContext-resources-test. xml",
        "classpath:cn/javass/point/dao/applicationContext-hibernate. xml",
        "classpath:cn/javass/point/service/applicationContext-service. xml"})
@ TransactionConfiguration(transactionManager = "txManager", defaultRollback=false)
public class GoodsCodeServiceImplIntegrationTest extends AbstractJUnit4SpringContextTests {
    @ Autowired
    private IGoodsCodeService goodsCodeService;
    @ Autowired
    private IGoodsService goodsService;
}
```

①AbstractJUnit4SpringContextTests：表示将 Spring TestContext 框架与 JUnit 4.5+测试框架集成。

②@ ContextConfiguration：指定要加载的 Spring 配置文件，此处注意 Spring 资源配置文件为"applicationContext-resources-test. xml"。

③@ TransactionConfiguration：开启测试类的事务管理支持配置，并指定事务管理器和默认回滚行为。

④@ Autowired：完成 Test Fixture（测试固件）的依赖注入。

（2）写完测试支持后还需测试所购买商品 Code 码是否满足需求。

①测试购买失败的场景。

Java 代码：

```
@ Transactional
@ Rollback
@ ExpectedException( NotCodeException. class)
@ Test
public void testBuyFail( ) {
    goodsCodeService. buy( "test" , 1) ;
}
```

由于数据库中没有相应商品的 Code 码,因此将抛出 NotCodeException 异常。

②测试购买成功的场景。

Java 代码:

```
@ Transactional
@ Rollback
@ Test
public void testBuySuccess( ) {
    //1. 添加商品
    GoodsModel goods = new GoodsModel( ) ;
    goods. setDeleted( false) ;
    goods. setDescription( "" ) ;
    goods. setName( "测试商品" ) ;
    goods. setPublished( true) ;
    goodsService. save( goods) ;

    //2. 添加商品 Code 码
    GoodsCodeModel goodsCode = new GoodsCodeModel( ) ;
    goodsCode. setGoods( goods) ;
    goodsCode. setCode( "test" ) ;
    goodsCodeService. save( goodsCode) ;

    //3. 测试购买商品 Code 码
    GoodsCodeModel resultGoodsCode = goodsCodeService. buy( "test" , 1) ;
    Assert. assertEquals( goodsCode. getId( ) , resultGoodsCode. getId( ) ) ;
}
```

由于添加了指定商品的 Code 码,因此购买成功,如果失败则说明业务写错了,应该重写。

业务逻辑层的集成测试也是非常简单的,与业务逻辑层的单元测试类似,只对复杂的业务逻辑层代码进行测试。

9.表现层

表现层集成测试同样类似于单元测试,但对于业务逻辑层都将使用真实的实现,而不再是通过 Mock 对象来测试,这也是集成测试和单元测试的区别。

下面介绍表现层 Action 集成测试的方法。

(1)准备 Struts 提供的 JUnit 插件, 到 Struts-2.2.1.1. zip 中拷贝 jar 包到类路径。

（2）测试支持类。Struts2 提供 StrutsSpringTestCase 测试支持类,所有的 Action 测试类都需要继承该类。

（3）准备 Spring 配置文件。由于测试类继承 StrutsSpringTestCase,且将通过覆盖该类的 getContextLocations 方法来指定 Spring 配置文件,但 getContextLocations 方法只能返回一个配置文件,因此需要新建一个用于导入其他 Spring 配置文件的配置文件 applicationContext-test. xml,具体内容如下。

Java 代码:

```
<import resource = " classpath:applicationContext-resources-test. xml"/>
<import resource = " classpath:cn/javass/point/dao/applicationContext-hibernate. xml"/>
<import resource = " classpath:cn/javass/point/service/applicationContext-service. xml"/>
<import resource = " classpath:cn/javass/point/web/pointShop-admin-servlet. xml"/>
<import resource = " classpath:cn/javass/point/web/pointShop-front-servlet. xml"/>
```

（4）在 test 文件夹下创建测试类。

Java 代码:

```
package cn. javass. point. web. front;
//省略 import
@ RunWith( SpringJUnit4ClassRunner. class)
@ TestExecutionListeners({})
public class GoodsActionIntegrationTest extends StrutsSpringTestCase {
    @ Override
    protected String getContextLocations() {
        return " classpath:applicationContext-test. xml";
    }
    @ Before
    public void setUp() throws Exception {
        //1 指定 Struts2 配置文件
        //该方式等价于通过 web. xml 中的<init-param>方式指定参数
        Map<String, String> dispatcherInitParams = new HashMap<String, String>();
        ReflectionTestUtils. setField( this, " dispatcherInitParams", dispatcherInitParams);
        //1.1 指定 Struts 配置文件位置
        dispatcherInitParams. put( "config", " struts-default. xml,struts-plugin. xml,struts. xml");
        super. setUp();
    }
    @ After
    public void tearDown() throws Exception {
        super. tearDown();
    }
}
```

①@ RunWith(SpringJUnit4ClassRunner. class):表示使用自己定制的 JUnit 4. 5+运行器来运行测试,即完成 Spring TestContext 框架与 JUnit 集成。

②@ TestExecutionListeners({}):没有指定任何监听器,即不会自动完成对 Test Fixture 的依赖注入、@ DirtiesContext 支持和事务管理支持。

③StrutsSpringTestCase:集成测试 Struts2+Spring 时所有集成测试类必须继承该类。

④setUp 方法:在每个测试方法之前都执行的初始化方法,其中 dispatcherInitParams 用于指定等价于在 web. xml 中的<init-param>方式指定的参数;必须调用 super. setUp()用于初始化 Struts2 和 Spring 环境。

⑤tearDown():在每个测试方法之前都执行的销毁方法,必须调用 super. tearDown()来销毁 Spring 容器等。

(5)写完测试支持后还应测试前台购买商品 Code 码是否满足需求。

①测试购买失败的场景。

Java 代码:

```
@ Test
public void testBuyFail() throws UnsupportedEncodingException, ServletException {
    //2 前台购买商品失败
    //2.1 首先重置 http 相关对象,并准备请求参数
    initServletMockObjects();
    request. setParameter("goodsId", String. valueOf(Integer. MIN_VALUE));
    //2.2 调用前台 GoodsAction 的 buy 方法完成购买相应商品的 Code 码
    executeAction("/goods/buy. action");
    GoodsAction frontGoodsAction = (GoodsAction) ActionContext. getContext(). getActionInvocation().
getAction();
    //2.3 验证前台 GoodsAction 的 buy 方法有错误
    Assert. assertTrue(frontGoodsAction. getActionErrors(). size() > 0);
}
```

● initServletMockObjects():用于重置所有 http 相关对象,如 request 等。

● request. setParameter("goodsId", String. valueOf(Integer. MIN_VALUE)):用于准备请求参数。

● executeAction("/goods/buy. action"):通过模拟 http 请求来调用前台 GoodsAction 的 buy 方法完成商品购买。

● Assert. assertTrue(frontGoodsAction. getActionErrors(). size() > 0):表示执行 Action 时有错误,即 Action 动作错误。如果条件不成立,说明 Action 功能是错误的,需要修改。

②测试购买成功的场景。

Java 代码:

```
@ Test
public void testBuySuccess() throws UnsupportedEncodingException, ServletException {
    //3 后台新增商品
    //3.1 准备请求参数
    request. setParameter("goods. name", "测试商品");
    request. setParameter("goods. description", "测试商品描述");
    request. setParameter("goods. originalPoint", "1");
    request. setParameter("goods. nowPoint", "2");
    request. setParameter("goods. published", "true");
    //3.2 调用后台 GoodsAction 的 add 方法完成新增
```

```
executeAction("/admin/goods/add. action");
//2.3 获取 GoodsAction 的 goods 属性
GoodsModel goods = (GoodsModel) findValueAfterExecute("goods");
//4 后台新增商品 Code 码
//4.1 首先重置 http 相关对象,并准备请求参数
initServletMockObjects();
request. setParameter("goodsId", String. valueOf(goods. getId()));
request. setParameter("codes", "a\rb");
//4.2 调用后台 GoodsCodeAction 的 add 方法完成新增商品 Code 码
executeAction("/admin/goodsCode/add. action");
//5 前台购买商品成功
//5.1 首先重置 http 相关对象,并准备请求参数
initServletMockObjects();
request. setParameter("goodsId", String. valueOf(goods. getId()));
//5.2 调用前台 GoodsAction 的 buy 方法完成购买相应商品的 Code 码
executeAction("/goods/buy. action");
GoodsAction frontGoodsAction = (GoodsAction) ActionContext. getContext(). getActionInvocation().
getAction();
//5.3 验证前台 GoodsAction 的 buy 方法没有错误
Assert. assertTrue(frontGoodsAction. getActionErrors(). size() = = 0);
}
```

● executeAction("/admin/goods/add. action"):调用后台 GoodsAction 的 add 方法,用于新增商品。

● executeAction("/admin/goodsCode/add. action"):调用后台 GoodCodeAction 的 add 方法用于新增商品 Code 码。

● executeAction("/goods/buy. action"):调用前台 GoodsAction 的 buy 方法,用于购买相应商品,其中 Assert. assertTrue(frontGoodsAction. getActionErrors(). size() = = 0)表示购买成功,即 Action 动作正确。

对于如何深入 StrutsSpringTestCase 来完成集成测试已超出本书范围,对这部分感兴趣的读者可以在 Struts2 官网学习最新的测试技巧。

习　　题

一、选择题

1. 软件测试过程中的集成测试主要是为了发现(　　)阶段的错误。

A. 需求分析　　　B. 概要设计　　　C. 详细设计　　　D. 编码

2. 集成测试时,能较早发现高层模块接口错误的测试方法为(　　)。

A. 自顶向下渐增式测试　　　　　　B. 自底向上渐增式测试

C. 非渐增式测试　　　　　　　　　D. 系统测试

3. (　　)方法需要考察模块间的接口和各模块之间的联系。

A. 单元测试　　　　　　　　B. 集成测试

C. 确认测试　　　　　　　　D. 系统测试

二、简述题

1. 集成测试也称组装测试或者联合测试,请简述集成测试的主要内容。

2. 简述集成测试与系统测试的关系。

3. 简述集成测试策略的优缺点。

4. 简述集成测试的实施流程。

第5章 系统测试技术

5.1 系统测试概述

5.1.1 系统测试的定义

系统测试(System Testing)是将已经确认的软件、计算机硬件、外设和网络等元素结合在一起,进行信息系统的各种组装测试和确认测试。系统测试是针对整个产品系统进行的,目的是验证系统是否满足需求规格的定义,找出与需求规格不符或与之矛盾的地方,从而提出更加完善的方案。系统测试发现问题之后要经过调试找出错误的原因和位置,然后进行改正。系统测试是基于系统整体需求说明书的黑盒测试,覆盖系统所有联合的部件。系统测试的对象不仅包括需测试的软件,还包括软件所依赖的硬件、外设,甚至包括某些数据、支持软件及其接口等。系统测试主要由测试人员完成。

系统测试是将经过集成测试的软件作为计算机系统的一个部分,与系统中其他部分结合起来,在实际运行环境下对计算机系统进行的一系列严格有效的测试,以发现软件潜在的问题,保证系统正常运行。

系统测试主要包括:

①功能测试,即测试软件系统的功能是否正确,其依据是需求文档,如《产品需求规格说明书》。由于正确性是软件最重要的质量因素,因此功能测试必不可少。

②健壮性测试,即测试软件系统在异常情况下能否正常运行的能力。

5.1.2 系统测试前的准备工作

从系统测试开始,测试已经完全由测试和质量保证相关人员独立完成,在系统测试工作伊始,软件测试工程师应该搞清楚软件测试工作的目的。如果把这个问题提给项目经理,往往会得到这样的回答:"发现我们产品里面的所有 Bug,这就是你的工作目的。"作为一名软件测试人员,如何才能发现所有的 Bug? 如何开始测试工作? 即便面对的是一个很小的软件项目,测试需要考虑的问题也是方方面面的,包括硬件环境、操作系统、产品的软件配置环境、产品相关的业务流程、用户的并发容量等。系统测试前的准备工作如下:

1. 走读相关产品的历史测试用例

如果公司有测试用例管理系统,那么走读相关产品的软件测试用例是迅速提高测试用例设计水平的一条捷径。走读测试用例也是有技巧的。测试用例写作一般会包括测试用例项和根据测试用例项细化的测试用例,下面举例说明。"测试用户登录的功能"是一个测试项,该测试项的目的是测试用户登录功能是否正确,是否能够完成正常的登录功能,是否能够对非法用户名和密码做异常处理等。因此,根据该用例项可以设计出若干个测试用例。

在大多数情况下,测试用例项和测试用例是一对多的关系。

通过走读测试用例项目,可以掌握应该从哪些功能点着手未来的测试工作;通过走读软件测试用例,可以了解如何根据被测试的功能点开展软件测试用例的设计工作,包括如何确定测试用例的输入、测试用例的操作步骤和测试用例的输出结果等。

2.学习产品相关的业务知识

软件测试人员不仅要掌握软件测试技术的相关知识,还要学习产品相关的业务知识。例如,如果从事财务软件的测试工作,则一定要学习财务知识;如果从事通信产品的测试工作,则必须具备相关的通信理论知识;如果从事银行软件的测试工作,银行的业务流程也是不可或缺的知识点。

因此,在学习软件测试技术的同时,一定不要忽略产品相关业务知识的学习。如果你是一个软件测试技术专家,但是对产品业务知识一无所知,那么也只能测试出来纯粹的软件缺陷,而面对眼前出现的产品业务相关的缺陷,则很可能是视而不见,如此这般,软件测试的效果会大打折扣。

3.识别测试需求

识别测试需求是软件测试的第一步。如果开发人员能够提供完整的需求文档和接口文档,则可以根据需求文档中描述的每个功能项目的输入、处理过程和输出来设计测试用例。如果开发人员没有提供软件需求文档,那么应当主动获取需求。

4.主动获取需求

开发人员通常不会更好地考虑软件测试,如果没有开发流程的强制规定,他们通常不愿意提供任何开发文档,即便有强制规定,需求文档也未必能够真正指导软件系统测试工作。因此,测试人员应发挥主观能动性,与相关的软件开发项目经理和软件开发人员保持沟通,了解软件实现的主要功能,并记录所收集到的信息。一般来说,开发人员即便没有提供相关的需求文档,也会保存一些简单的过程文档,主动向开发人员索要这些文档,可以作为测试的参考。此外,可以与公司的技术支持人员交流,技术支持人员是最贴近用户的人,因此,通过交流可以获取第一手的用户使用感受,在测试的过程中会更加贴近用户。

5.1.3　系统测试的类型

系统测试应该由若干个不同的测试组成,目的是充分运行系统,验证系统各部件是否都能协同工作并完成所赋予的任务。下面简单讨论几类系统测试。

1.功能测试

功能测试就是对产品的各功能进行验证,根据功能测试用例,逐项测试,检查产品是否达到用户要求的功能。功能测试也称黑盒测试或数据驱动测试,只需考虑各个功能,而不用考虑整个软件的内部结构及代码,一般从软件产品的界面、架构出发,按照需求编写出来的测试用例,输入的数据在预期结果和实际结果之间进行评测,进而提出更能使产品达到用户使用的要求。

2.恢复测试

恢复测试主要检查系统的容错能力。当系统出错时,能否在指定时间间隔内修正错误并重新启动系统。恢复测试首先要采用各种办法强迫系统失败,然后验证系统是否能尽快恢复。对于自动恢复须验证重新初始化、检查点、数据恢复和重新启动等机制的正确性;对于人工干预的恢复系统,还须估测平均修复时间,确定其是否在可接受的范围内。

3. 强度测试

强度测试是检查程序对异常情况的抵抗能力。强度测试总是迫使系统在异常的资源配置下运行。例如:①当中断的正常频率为 1~2 个/s,运行每秒产生 10 个中断的测试用例;②定量地增长数据输入率,检查输入子功能的反应能力;③运行需要最大存储空间(或其他资源)的测试用例;④运行可能导致虚存操作系统崩溃或磁盘数据剧烈抖动的测试用例等。

4. 性能测试

对于实时和嵌入式系统,软件部分即使满足功能要求,也未必能够满足性能要求,虽然从单元测试起,每个测试步骤都包含性能测试,只有当系统真正集成之后,在真实环境中才能全面、可靠地测试运行性能。系统性能测试就是为了完成这一任务。性能测试有时与强度测试相结合,经常需要其他软硬件的配套支持。

5. 安全测试

安全测试是检查系统对非法侵入的防范能力。安全测试期间,测试人员假扮非法入侵者,采用各种办法试图突破防线。例如:①想方设法截取或破译口令;②专门定做软件破坏系统的保护机制;③故意导致系统失败,企图趁恢复之际非法进入;④试图通过浏览非保密数据,推导所需信息等。从理论上讲,只要有足够的时间和资源,就没有不可进入的系统。因此系统安全设计的准则是使非法侵入的代价超过被保护信息的价值。此时非法侵入者已无利可图。

(1)安全测试的具体步骤。

①制订系统测试计划。

系统测试小组各成员共同协商测试计划。测试组长按照指定的模板起草《系统测试计划》。该计划主要包括测试范围(内容)、测试方法、测试环境与辅助工具、测试完成准则及人员与任务表。

项目经理审批《系统测试计划》。该计划被批准后,转向步骤②。

②设计系统测试用例。

系统测试小组各成员依据《系统测试计划》和指定的模板,设计(撰写)《系统测试用例》。

测试组长邀请开发人员和同行专家,对《系统测试用例》进行技术评审。该测试用例通过技术评审后转向步骤③。

③执行系统测试。

系统测试小组各成员依据《系统测试计划》和《系统测试用例》执行系统测试。

将测试结果记录在《系统测试报告》中,用"缺陷管理工具"管理所发现的缺陷,并及时通报给开发人员。

④缺陷管理与改错。

从步骤①至③,任何人发现软件系统中的缺陷时都必须使用指定的"缺陷管理工具",该工具将记录所有缺陷的状态信息,并可以自动产生《缺陷管理报告》。

开发人员及时消除已经发现的缺陷。

开发人员消除缺陷之后应当立刻进行回归测试,以确保不会引入新的缺陷。

(2)安全测试的目标。

①确保系统测试活动是按计划进行的。

②验证软件产品是否与系统需求用例不相符合或与之矛盾。

③建立完善的系统测试缺陷记录跟踪库。

④确保软件系统测试活动及其结果及时通知相关小组和个人。

(3)安全测试的原则。

①测试机构要独立。

②要精心设计测试计划,包括负载测试、压力测试、用户界面测试、可用性测试、逆向测试、安装测试及验收测试。

③要进行回归测试。

④测试要遵从经济性原则。

(4)安全测试的方针。

①为项目指定一个测试工程师,负责贯彻和执行系统测试活动。

②测试组向各事业部总经理/项目经理报告系统测试的执行状况。

③系统测试活动遵循文档化的标准和过程。

④向外部用户提供经系统测试验收通过的预部署及技术支持。

⑤建立相应项目的(Bug)缺陷库,用于系统测试阶段项目不同生命周期的缺陷记录和缺陷状态跟踪。

⑥定期对系统测试活动及结果进行评估,向各事业部经理、项目办总监、项目经理汇报并提供项目的产品质量信息及数据。

5.1.4　系统测试的停止条件

(1)系统测试用例设计已经通过评审。

(2)按照系统测试计划完成了系统测试。

(3)达到了测试计划中关于系统测试所规定的覆盖率的要求。

(4)被测试的系统每千行代码必须发现一个错误。

(5)系统满足《需求规格说明书》的要求。

(6)对于在系统测试中发现的错误已经得到修改,各级缺陷修复率达到标准。

5.2　系统测试的基本方法

5.2.1　动态黑盒测试

动态黑盒测试是不深入代码细节的软件测试方法。它常被称为行为测试,因为测试的是软件在使用过程中的实际行为。

首先,从产品说明书获知测试对象的输入和应该得到的输出。

然后,定义测试用例。测试用例是进行实验用的输入以及测试软件用的程序。

选择测试用例是软件测试员最重要的任务,不正确的选择可能导致测试量过大或者过小,甚至测试目标不对。准确评估风险,把不可穷尽的可能性减少到可以控制的范围是成功的诀窍。

测试基本方法:通过测试与失败测试。

通过测试:确认软件至少能做什么,而不考验其能力。

失败测试:纯粹为了破坏软件而设计和执行的测试用例,用来攻击软件的薄弱环节,也称为迫使出错测试。

设计和执行测试用例时,总是首先进行通过测试。在破坏性试验之前查看软件基本功能是否实现,否则在正常使用软件时就会奇怪为什么有那么多的软件缺陷。

常见的测试用例就是设法迫使软件出现错误提示信息。产品说明书可能会给出这样的功能要求,针对这个问题的测试可能通过测试,也可能失败测试。不用去刻意区分,重要的是找到软件缺陷。

选择测试用例的原则:等价分配。等价分配也称等价划分,是指分步骤地把过多(无限)的测试用例减少到同样有效的小范围的过程。等价分配技术提供了一个选择哪些数值、舍弃哪些数值的系统方法。

等价类别或者等价区间是指测试相同目标或者暴露相同软件缺陷的一组测试案例。寻找等价区间时,想办法把软件的相似输入、输出和操作分成组,这些组就是等价区间。

等价分配的目的是把可能的测试用例组合缩减到仍然足以测试软件的控制范围。如果选择了不完全测试,就要冒一定的风险。如果为了减少测试用例的数量过度进行等价分配,测试的风险就会增加。另外,等价区间的划分没有一定的标准,只要足以覆盖测试对象即可。

1. 数据测试

软件由数据(包括键盘输入、鼠标单击、磁盘文件及打印输出等)和程序(可执行的流程、转换、逻辑和运算)两个最基本的要素组成。

对数据进行软件测试,就是检查用户输入的信息、返回结果及中间计算结果是否正确。主要根据边界条件、次边界条件和无效数据原则来进行等价分配,以合理减少测试用例。

(1)边界条件测试。

程序在处理大量中间数值时都是正确的,但是可能在边界处出现错误,比如数组的[0]元素的处理。例如,想要在 Basic 中定义一个 10 个元素的数组,如果使用 Dim data(10) As Integer ,则定义的是一个 11 个元素的数组,在赋初值时再使用 For i =1 to 10 …来赋值,就会产生缺陷,因为程序忘记了处理 i=0 的 0 号元素。

边界条件是指软件计划的操作界限所在的边缘条件。

数据类型:数值、字符、位置、数量、速度、地址、尺寸等都会包含确定的边界。

应考虑的特征:第一个/最后一个、开始/完成、空/满、最慢/最快、相邻/最远、最小值/最大值、超过/在内、最短/最长、最早/最迟、最高/最低。这些都是可能出现的边界条件。

根据边界来选择等价分配中包含的数据。然而,仅仅测试边界线上的数据点往往不够充分。提出边界条件时,一定要测试临近边界的合法数据,即测试最后一个可能合法的数据以及刚超过边界的非法数据。以下举例说明如何考虑所有可能的边界。

如果输入域允许输入 1 ~ 255 个字符。

尝试:输入 1 个字符和 255 个字符(合法区间),也可以加入 254 个字符作为合法测试。
输入 0 个字符和 256 个字符作为非法区间。

如果程序读写磁盘。

尝试:保存一个尺寸极小,甚至只有一项的文件。

然后保存一个很大的刚好在磁盘容量限制之内的文件。

保存空文件。

保存尺寸大于磁盘容量的文件。

如果程序允许在一张纸上打印多个页面。

尝试:只打印一页。

打印允许的最多页面。

打印 0 页。

多于允许的页面(如果可能的话)。

----

(2)次边界条件测试。

上面所讲的是普通的边界条件,在产品说明书中有定义,或者在软件的编写过程中确定。但有些边界在软件内部,终端用户几乎看不到,但是软件测试仍有必要检查,这样的边界条件称为次边界条件或者内部边界条件。寻找这样的边界条件,不要求软件测试员成为程序员或者具有阅读源代码的能力,但是要求测试人员大体了解软件的工作方式。下面列举 2 的乘方和 ASCII 表两个例子。

----

2 的乘方
术语

范围或值

位 bit
0 或 1

双位 doublebit
0 ~ 15

字节 Byte
0 ~ 255

字 word
0 ~ 65,535 或者 0 ~ 4,294,967,295

千 K

1,024

兆 M

1,048,576

亿

1,073,741,824

万亿

1,099,511,627,776

计算机和软件的基础是二进制数。因此 2 的乘方是作为边界条件的重要数据。例如，在通信软件中，带宽或者传输信息的能力总是受限制，因此软件工程师会尽一切努力在通信字符串中压缩更多的数据。其中一个方法就是把信息压缩到尽可能小的单元中，发送这些小单元中最常用的信息，在必要时再扩展为大一些的单元。假设某种通信协议支持 256 条命令，软件将发送编码为一个双位数据的最常用的 15 条命令；如果用到第 16 ~ 256 条命令，软件就转而发送编码为更长字节的命令。这样，软件就会根据双位/字节边界执行专门的计算和不同的操作。

建立等价区间时，要考虑是否需要包含 2 的乘方边界条件。例如，软件接受 1 ~ 1 000 范围内的数字，那么合法区间除了 1 和 1 000 以及 2 和 999 外，还应该有临近 2 的乘方次边界，即 14、15、16 以及 254、255 和 256。

ASCII 表。

ASCII 码表并不是结构良好的连续表。数字 0 ~ 9 对应 ASCII 表中序号为 48 ~ 57 的字符；斜杠字符(/)在 0 的前面，冒号(:)在 9 的后面；大写字母 A ~ Z 对应 ASCII 表中序号为 65 ~ 90 的字符；小写字母 a ~ z 对应 ASCII 表中序号为 97 ~ 122 的字符。这些情况都代表次边界条件。

如果测试进行文本输入或文本转换的软件，在定义数据区间包含哪些值时，参考 ASCII 表是相当明智的。例如，测试的文本框只接受用户输入字符 A ~ Z 和 a ~ z，就应该在非法区间中包含 ASCII 表中这些字符前后的值，即@、\、[、{。

----

(3)默认值测试(默认、空白、空值、零值和无)。

好的软件会处理默认值这种情况，常用的方法：一是将输入内容默认为合法边界内的最小值，或者合法区间内某个合理值；二是返回错误提示信息。

这些值在软件中通常需要进行特殊处理，因此应当建立单独的等价区间。在这种默认下，如果用户输入 0 或 -1 作为非法值，就可以执行不同的软件处理过程。

(4)破坏测试(非法、错误、不正确和垃圾数据)。

数据测试的这一类型是失败测试的对象。这类测试没有实际规则,只是设法破坏软件。

2. 状态测试

状态测试是通过不同的状态验证程序的逻辑流程。软件测试员必须测试软件的状态及其转换。软件状态是指软件当前所处的情况或者模式。软件通过代码进入某一个流程分支,触发一些数据位,设置某些变量,读取某些变量,从而转入一个新的状态。

同数据测试一样,状态测试运用等价分配技术选择状态和分支。因为选择不完全测试,所以要承担一定的风险,但是可通过合理选择可减少风险。

(1)建立状态转移图。

使用:方框和箭头;圆圈(泡泡)和箭头。

应包含的项目:

①软件可能进入的每种独立状态。如果不能断定是否独立,先认为是,以后一旦发现不是,随时剔除。

②从一种状态转入另一种状态所需的输入和条件。状态变化和存在的原因,就是我们要寻找的对象。

③进入或退出某种状态时的设置条件及输出结果。包括显示的菜单和按钮、设置的标志位、产生的打印输出、执行的运算等。

由于是黑盒测试,因此只需从用户的角度建立状态图即可。

(2)减少要测试的状态及转换的数量。

测试每种路线的组合,走遍所有分支是不可能的事情。大量的可能性也需要减少到可以操作的测试案例集合。其方法有以下 4 种:

①每种状态至少访问一次。

②无论用什么方法,每种状态都必须测试。

- 测试看起来最常见最普遍的状态转换。
- 测试状态之间最不常用的分支。

③这些分支是最容易被产品设计者和程序员忽视的。

- 测试所有错误状态机器返回值。

④错误是否得到正确的处理、错误提示信息是否正确、修复错误时是否正确恢复软件等。

- 测试随机状态转换。

(3)进行具体的测试——定义测试用例。

测试状态及其转换包括检查所有的状态变量——与进入和退出状态相关的静态条件、信息、值、功能等。例如,窗口外观、窗口尺寸定义(固定/上次使用时的尺寸)、显示的菜单、默认设定值、文档的名称等。状态无论是否可见,都必须进行状态确定。状态变量也许不可见,但是很重要,一个常见的例子是文档涂改标志(以此判断退出时是否询问保存)。

3. 失败状态测试

失败状态测试用例主要针对竞争条件、时序错乱、重复、压迫和重负。

(1)竞争条件和时序错乱。

　　设计多任务操作系统不是很难,设计充分利用多任务能力的软件才是艰巨的任务。在真正的多任务环境中软件设计绝对不能想当然,必须处理随时被中断的情况,能够与其他任何软件在系统中同时运行,并且共享内存、磁盘、通信设备以及其他硬件资源。这样的结果就会导致竞争条件问题;软件未预料到的中断发生,时序就会发生错乱。

　　竞争条件测试难以设计,最好是首先仔细查看状态转换图中的每个状态,以找出哪些外部影响会中断该状态。考虑要使用的数据如果没有准备好,或者在用到时发生变化,状态会怎样。

　　以下是面临竞争条件的典型情形:

　　①两个不同的程序同时保存或打开同一个文档。

　　②共享同一台打印机、通信端口或者其他外围设备。

　　③当软件处于读取或者修改状态时按键或者单击鼠标。

　　④同时关闭或者启动软件的多个实例。

　　⑤同时使用不同的程序操作一个共同的数据库。

　　(2)重复、压迫和重负。

　　这三个测试的目标是处理那些连程序员都没有想到的、在恶劣条件下产生的问题的能力。

　　①重复测试。重复测试就是不断执行同样的操作。最简单的是不停地启动和关闭程序,或者反复读写数据,或者选择同一个操作。这种测试的主要目的是查看内存是否不足。如果内存被分配进行某项操作,但操作完成时没有完全释放,就会产生一个常见的软件问题。

　　②压迫测试。压迫测试是使软件在不够理想的条件下运行,如内存小、磁盘空间少、CPU 速度慢、上网速度慢等,观察软件对外部资源的要求和依赖程度。

　　③重负测试。重负测试和压迫测试相反。压迫测试是尽量限制软件,而重负测试是尽量提供条件任其发挥,让软件处理尽可能大的数据文件;最大限度地发掘软件的能力,让它不堪重负。例如,软件对打印机或通信端口进行操作,把所有设备都连上;服务器模拟处理几千个链接。

　　时间测试也是一种重负测试。重复、压迫和重负测试应联合使用,同时进行。

　　需要注意的是:

　　①项目管理员和小组程序员可能不完全接受软件测试员失败状态测试的做法,但是软件测试人员的任务就是确保软件在这样恶劣的条件下正常工作,否则就报告软件缺陷。

　　②无数次重复和上千次的连接对于手工操作是不可能的,因此需要借助自动化测试工具来实现。

5.2.2　其他黑盒测试方法

1.像无经验的用户那样做

输入意想不到的数据;中途变卦而退回去执行其他操作;单击不应该单击的内容等。

2. 在已经找到软件缺陷的地方再找找

其原因有两个：一是软件缺陷的集中性。如果在不同的特性中找出了大量上边界条件软件缺陷，那么就应该对所有特性着重测试上边界条件。对某个存在的缺陷，应当投入一些用例来保证这个问题不是普遍存在的。二是程序员往往倾向于只修改报告出来的软件缺陷。比如报告启动—终止—再启动255次导致冲突，程序员可能只修复了这个问题。重新测试时，一定要重新执行同样的测试256次以上。

3. 凭借经验、直觉和预感

记录哪些技术有效，哪些无效；尝试不同的途径；如果认为有可疑之处，就要仔细探究；按照预感行事，直至证实这是错误为止。

5.2.3 测试方法举例

测试方法固然重要，但更重要的是如何使用这些方法对实际的系统进行测试、分析和设计。下面通过几道例题来讲解如何进行测试方法设计。

【例1】 等价类划分。

某程序规定："输入3个整数 a、b、c 分别作为三边的边长，构成三角形。通过程序判定所构成的三角形的类型，当此三角形为一般三角形、等腰三角形及等边三角形时，分别进行计算……"。用等价类划分方法为该程序进行测试用例设计。（三角形问题的复杂之处在于输入与输出之间的关系比较复杂。）

解 分析题目中给出和隐含的对输入条件的要求：

（1）整数。

（2）三个数。

（3）非零数。

（4）正数。

（5）两边之和大于第三边。

（6）等腰。

（7）等边。

如果 a、b、c 满足条件（1）～（4），则输出下列4种情况之一：

（1）如果不满足条件（5），则程序输出为"非三角形"。

（2）如果3条边相等即满足条件（7），则程序输出为"等边三角形"。

（3）如果只有两条边相等，即满足条件（6），则程序输出为"等腰三角形"。

（4）如果3条边都不相等，则程序输出为"一般三角形"。

等价类表及其编号。三角形问题的等价类表见表5.1。

表 5.1　三角形问题的等价类表

	有效等价类型	号码	无效等价类	号码
输入条件 — 输入 3 个整数	整数	1	一边为非整数 { a 为非整数	12
			b 为非整数	13
			c 为非整数 }	14
			两边为非整数 { a、b 为非整数	15
			b、c 为非整数	16
			a、c 为非整数 }	17
			3 边 a、b、c 均为非整数	18
	3 个数	2	只给一边 { 只给 a	19
			只给 b	20
			只给 c }	21
			只给两边 { 只给 a、b	22
			只给 b、c	23
			只给 a、c }	24
			给出 3 个以上	25
	非零数	3	一边为零 { a 为 0	26
			b 为 0	27
			c 为 0 }	28
			两边为零 { a、b 为 0	29
			b、c 为 0	30
			a、c 为 0 }	31
			三边 a、b、c 均为 0	32
	正数	4	一边小于 0 { $a<0$	33
			$b<0$	34
			$c<0$ }	35
			两边小于 0 { $a<0$ 且 $b<0$	36
			$a<0$ 且 $c<0$	37
			$b<0$ 且 $c<0$ }	38
			3 边均小于 0：$a<0$ 且 $b<0$ 且 $c<0$	39
输出条件	构成一般三角形	$a+b>c$　5	{ $a+b<c$	40
		$b+c>a$　6	{ $a+b=c$	41
			{ $b+c<a$	42
		$a+c>b$　7	{ $b+c=a$	43
			{ $a+c<b$	45
			{ $a+c=b$	
	构成等腰三角形	$a=b$　8　$b=c$　9　$a=c$　10 且两边之和大于第三边		
	构成等边三角形	$a=b=c$　11		

覆盖有效等价类的测试用例见表 5.2。

表 5.2　覆盖有效等价类的测试用例

a	b	c	覆盖等价类号码
3	4	5	(1) ~ (7)
4	4	5	(1) ~ (7)、(8)
4	5	5	(1) ~ (7)、(9)
5	4	5	(1) ~ (7)、(10)
4	4	4	(1) ~ (7)、(11)

覆盖无效等价类的测试用例见表 5.3。

表 5.3　覆盖无效等价类的测试用例

a	b	c	覆盖等价类号码	a	b	c	覆盖等价类号码
2.5	4	5	12	0	0	5	29
3	4.5	5	13	3	0	0	30
3	4	5.5	14	0	4	0	31
3.5	4.5	5	15	0	0	0	32
3	4.5	5.5	16	−3	4	5	33
3.5	4	5.5	17	3	−4	5	34
4.5	4.5	5.5	18	3	4	−5	35
3			19	−3	−4	5	36
	4		20	−3	4	−5	37
		5	21	3	−4	−5	38
3	4		22	−3	−4	−5	39
	4	5	23	3	1	5	40
3		5	24	3	2	5	41
3	4	5	25	3	1	1	42
0	4	5	26	3	2	1	43
3	0	5	27	1	4	2	44
3	4	0	28	3	4	1	45

【例 2】　边界值分析法。

NextDate 函数的边界值分析测试用例见表 5.4。

NextDate 函数隐含规定了变量 month 和变量 day 的取值范围（$1 \leqslant$ month $\leqslant 12$）和（$1 \leqslant$ day $\leqslant 31$），并设定变量 year 的取值范围为 $1912 \leqslant$ year $\leqslant 2050$。

表 5.4　NextDate 函数的边界值分析测试用例

测试用例	month	day	year	预期输出
Test1	6	15	1911	1911.6.16
Test2	6	15	1912	1912.6.16
Test3	6	15	1913	1913.6.16
Test4	6	15	1975	1975.6.16
Test5	6	15	2049	2049.6.16
Test6	6	15	2050	2050.6.16
Test7	6	15	2051	2051.6.16
Test8	6	−1	2001	day 超出$[1,\cdots,31]$
Test9	6	1	2001	2001.6.2
Test10	6	2	2001	2001.6.3
Test11	6	30	2001	2001.7.1
Test12	6	31	2001	输入日期超界
Test13	6	32	2001	day 超出$[1,\cdots,31]$
Test14	−1	15	2001	Month 超出$[1,\cdots,12]$
Test15	1	15	2001	2001.1.16
Test16	2	15	2001	2001.2.16
Test17	11	15	2001	2001.11.16
Test18	12	15	2001	2001.12.16
Test19	13	15	2001	Month 超出$[1,\cdots,12]$

【例 3】　错误推测法。

测试一个对线性表(比如数组)进行排序的程序,可推测出以下几项需要特别测试的情况:

(1)输入的线性表为空表;

(2)表中只含有一个元素;

(3)输入表中所有元素已排好序;

(4)输入表已按逆序排好;

(5)输入表中部分或全部元素相同。

【例 4】　因果图法。

有一个处理单价为 5 角钱的饮料自动售货机软件测试用例的设计。其规格说明如下:若投入 5 角钱或 1 元钱的硬币,按下"橙汁"或"啤酒"的按钮,则相应的饮料就送出来。若售货机没有零钱找,则显示"零钱找完"的红灯亮,这时再投入 1 元硬币并押下按钮后,饮料不送出来且 1 元硬币退出来;若可找零钱,则显示"零钱找完"的红灯灭,在送出饮料的同时退还 5 角硬币。

(1)分析这一段说明,列出原因和结果。

原因:

1. 售货机有零钱找。

2. 投入 1 元硬币。

3. 投入 5 角硬币 。

4. 按下"橙汁"按钮。

5. 按下"啤酒"按钮。

结果：

21. 售货机"零钱找完"灯亮。

22. 退还 1 元硬币。

23. 退还 5 角硬币。

24. 送出橙汁饮料。

25. 送出啤酒饮料。

(2)画出因果图,如图 5.1 所示。所有原因结点列在左边,所有结果结点列在右边。建立中间结点,表示处理的中间状态。

中间结点：

11. 投入 1 元硬币且按下"饮料"按钮。

12. 按下"橙汁"或"啤酒"按钮。

13. 应当找 5 角硬币并且售货机有零钱找。

14. 钱已付清。

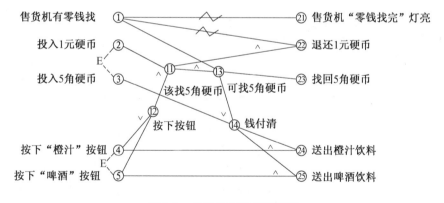

图 5.1　自动售货机售货流程

(3)转换成判定表(表 5.5)。

表 5.5　转换判定表

序号		1	2	3	4	5	6	7	8	9	10	1	2	3	4	5	6	7	8	9	20	1	2	3	4	5	6	7	8	9	30	1	2
条件	①	1	1	1	1	1	1	1	1	1	1	1	1	1	1	1	1	0	0	0	0	0	0	0	0	0	0	0	0	0	0	0	0
	②	1	1	1	1	1	1	1	1	0	0	0	0	0	0	0	0	1	1	1	1	1	1	1	1	0	0	0	0	0	0	0	0
	③	1	1	1	1	0	0	0	0	1	1	1	1	0	0	0	0	1	1	1	1	0	0	0	0	1	1	1	1	0	0	0	0
	④	1	1	0	0	1	1	0	0	1	1	0	0	1	1	0	0	1	1	0	0	1	1	0	0	1	1	0	0	1	1	0	0
	⑤	1	0	1	0	1	0	1	0	1	0	1	0	1	0	1	0	1	0	1	0	1	0	1	0	1	0	1	0	1	0	1	0
中间结果	⑪						1	1	0		1		0		0		1	1	0		0		1	1	0		0		0		0	0	0
	⑫						1	1	0		1		0		0		1	1	0		1		0	1	0		1		1		1	1	0
	⑬						1	1	1		0		0		0		0	0	1		0		0	1	0		0		0		0	0	0
	⑭						1	0	0		1		1		0		0	0	0		1		0	1	0		1		1		1	0	0
结果	㉑						0	0	0		0		0		0		0	0	0		0		0	0	0		1		1		1	1	1
	㉒						0	0	0		0		0		0		0	0	0		0		0	0	0		0		0		0	0	0
	㉓						1	1	1		0		0		0		1	1	1		0		0	0	0		0		0		0	0	0
	㉔						1	0	0		1		0		0		1	0	0		1		0	0	1		0		0		0	0	0
	㉕						0	1	0		0		1		0		0	1	0		0		1	0	0		0		1		0	0	0
测试用例							Y	Y Y	Y Y		Y Y		Y Y		Y Y		Y	Y Y	Y Y		Y Y		Y Y	Y	Y Y		Y		Y		Y	Y Y	

5.3 系统测试的相关工具介绍

5.3.1 软件错误管理工具——Bugzilla

Bugzilla 是一个开源的缺陷跟踪系统(Bug-Tracking System),它可以管理软件开发中缺陷的提交(New)、修复(Resolve)和关闭(Close)等整个生命周期,是专门为 Unix 定制开发的。

其功能表现如下:

(1)强大的检索功能。

(2)用户可配置的通过 E-mail 公布 Bug 变更。

(3)历史变更记录。

(4)通过跟踪和描述处理 Bug。

(5)附件管理。

(6)完备的产品分类方案和细致的安全策略。

(7)安全的审核机制。

(8)强大的后端数据库支持。

(9)Web、Xml、E-mail 和控制界面。

(10)友好的网络用户界面。

(11)丰富多样的配置设定。

(12)版本间向下兼容。

5.3.2 功能测试工具——QuickTest Professional

QTP 是 QuickTest Professional 的简称,是一种自动测试工具。使用 QTP 的目的是想用它来执行重复的自动化测试,主要用于回归测试和测试同一软件的新版本。因此在测试前要考虑好如何对应用程序进行测试,如要测试哪些功能、操作步骤、输入数据和期望的输出数据等。

QTP 甚至可以使新测试人员在几分钟内提高效率。用户只需通过按"记录"按钮,并使用执行典型业务流程的应用程序这一功能即可创建测试脚本。系统使用简明的英文语句和屏幕抓图来自动记录业务流程中的每个步骤。用户可以在关键字视图中轻松修改、删除或重新安排测试步骤。

QTP 可以自动引入检查点,以验证应用程序的属性和功能,例如验证输出或检查链接的有效性。对于关键字视图中的每个步骤,活动屏幕均准确显示测试中应用程序处理此步骤的方式。用户也可以为任何对象添加几种类型的检查点,以便验证组件是否按预期运行(只需在活动屏幕中单击此对象即可)。

然后,可以在产品介绍(具有 Excel 所有功能的集成电子表格)中输入测试数据,以便在不需要编程的情况下处理数据集和创建多个测试迭代,从而扩大测试用例的范围。用户可以键入数据,或从数据库、电子表格或文本文件中导入数据。

高级测试人员可以在专家视图中查看和编辑自己的测试脚本,该视图显示 QTP 自动生成的基于业界标准的内在 VB 脚本。专家视图中进行的任何变动自动与关键字视图同步。

一旦测试人员运行了脚本，TestFusion 报告显示测试运行的所有方面：高级结果概述，准确指出应用程序故障位置的可扩展树视图，使用的测试数据，突出显示任何差异的应用程序屏幕抓图，以及每个通过和未通过检查点的详细说明。通过使用 Mercury TestDirector 合并 TestFusion 报告，用户可以在整个 QA 和开发团队中共享报告。

QTP 也加快了更新流程。当测试中应用程序出现变动（例如"登录"按钮重命名为"登入"）时，用户可以对共享对象库进行一次更新，然后此更新将传播到所有引用该对象的脚本。用户可以将测试脚本发布到 Mercury TestDirector，使其他 QA 团队成员可以重复使用其测试脚本，从而消除重复工作。

QTP 支持所有常用环境的功能测试，包括 Windows、Web、.Net、Visual Basic、ActiveX、Java、SAP、Siebel、Oracle、PeopleSoft 和终端模拟器。目前，为防止系统加载插件过多导致系统负载过重，在系统中只支持 3 个常用环境插件。

QTP 进行功能测试的测试流程：制订测试计划→创建测试脚本→增强测试脚本功能→运行测试→分析测试结果。

1. 制订计划

自动测试的测试计划是根据被测项目的具体需求以及所使用的测试工具而制订的，完全用于指导测试全过程。

QTP 是一个功能测试工具，主要帮助测试人员完成软件的功能测试，与其他测试工具一样，QTP 不能完全取代测试人员的手工操作，但是在某个功能点上，使用 QTP 的确能够帮助测试人员做很多工作。在测试计划阶段，首先要做的就是分析被测应用的特点，决定应该对哪些功能点进行测试，可以考虑细化到具体页面或者具体控件。对于一个普通的应用程序来说，QTP 应用在某些界面变化不大的回归测试中是非常有效的。

2. 创建脚本

当测试人员浏览站点或在应用程序上操作时，QTP 的自动录制机制能够将测试人员的每个操作步骤及被操作的对象记录下来，自动生成测试脚本语句。与其他自动测试工具录制脚本所不同的是，QTP 除了以 VBScript 脚本语言的方式生成脚本语句以外，还将被操作的对象及相应的动作按照层次和顺序保存在一个基于表格的关键字视图中。比如，当测试人员单击一个链接，然后选择一个 CheckBox 或者提交一个表单，这样的操作流程都会被记录在关键字视图中。

3. 增强脚本

录制脚本只是为了实现创建或者设计脚本的第一步，基本的脚本录制完毕后，测试人员可以根据需要增加一些扩展功能，QTP 允许测试人员通过在脚本中增加或更改测试步骤来修正或自定义测试流程，如增加多种类型的检查点功能，既可以让 QTP 检查程序的某个特定位置或对话框中是否出现了需要的文字，还可以检查链接是否返回了正确的 URL 地址等，还可以通过参数化功能，使用多组不同的数据驱动整个测试过程。

4. 运行测试

QTP 从脚本的第一行开始执行语句，在运行过程中会对设置的检查点进行验证，用实际数据代替参数值，并给出相应的输出结构信息。在测试过程中，测试人员还可以调试自己的脚本,直到脚本完全符合要求。

5.分析测试

运行结束后系统会自动生成一份详细完整的测试结果报告。

5.3.3　负载测试工具——LoadRunner

LoadRunner 是一种预测系统行为和性能的负载测试工具,通过模拟上千万用户实施并发负载及实时性能监测的方式来确认和查找问题,能够对整个企业架构进行测试。企业使用 LoadRunner 能最大限度地缩短测试时间、优化性能以及加速应用系统的发布周期。LoadRunner 可适用于各种体系架构的自动负载测试,能预测系统行为并评估系统性能。

LoadRunner 的主要功能如下。

1.虚拟用户

用户使用 LoadRunner 的 Virtual User Generator 能很简便地创立系统负载。该引擎能够生成虚拟用户,以虚拟用户的方式模拟真实用户的业务操作行为。它先记录业务流程(如下订单或机票预定),然后将其转化为测试脚本。利用虚拟用户可以在 Windows、Unix 或 Linux 机器上同时产生成千上万个用户访问。所以 LoadRunner 能极大地减少负载测试所需的硬件和人力资源。

用 Virtual User Generator 建立测试脚本后,用户可以对其进行参数化操作,这一操作能让用户利用几套不同的实际发生数据来测试应用程序,从而反映本系统的负载能力。以一个订单输入过程为例,参数化操作可将记录中的固定数据(如订单号和客户名称)由可变值来代替。在这些变量内随意输入可能的订单号和客户名来匹配多个实际用户的操作行为。

2.真实负载

建立 Virtual Users 后,用户需要设定负载方案、业务流程组合和虚拟用户数量。用户利用 LoadRunner 的 Controller 能很快组织起多用户的测试方案。Controller 的 Rendezvous 功能提供一个互动的环境,既能建立起持续且循环的负载,又能管理和驱动负载测试方案。

用户可以利用它的日程计划服务来定义用户在什么时候访问系统以产生负载。将测试过程自动化,同样用户还可以用 Controller 来限定负载方案,在这个方案中所有的用户同时执行一个动作,如登录到一个库存应用程序来模拟峰值负载的情况。另外,用户还能监测系统架构中各个组件的性能,包括服务器、数据库、网络设备等来帮助客户决定系统的配置。

3.定位性能

LoadRunner 内含集成的实时监测器,在负载测试过程的任何时候,用户都可以观察到应用系统的运行性能。这些性能监测器可以实时显示交易性能数据(如响应时间)和其他系统组件,包括 Application Server、Web Server、网络设备和数据库等的实时性能。这样,用户可以在测试过程中从客户和服务器的双方面评估这些系统组件的运行性能,从而更快地发现问题。

用户利用 LoadRunner 的 ContentCheck TM 可以判断负载下的应用程序功能正常与否。ContentCheck 在 Virtual users 运行时,检测应用程序的网络数据包内容,从中确定是否有错误内容传送出去。它的实时浏览器帮助用户从终端用户角度观察程序性能状况。

测试一旦完成后,LoadRunner 收集汇总所有的测试数据,并提供高级的分析和报告工具,以便迅速查找到性能问题并追溯缘由。使用 LoadRunner 的 Web 交易细节监测器,用户可以了解到将所有的图象、框架和文本下载到每个网页上所需的时间。例如,这个交易细节分析机制能够分析是否因为一个大尺寸的图形文件或是第三方的数据组件造成应用系统运行速度减慢。另外,Web 交易细节监测器分解用于客户端、网络和服务器上端到端的反应时间,便于确认问题,定位查找真正出错的组件。例如,用户可以将网络延时进行分解,以判断 DNS 解析时间,以及连接服务器或 SSL 认证所花费的时间。通过使用 LoadRunner 的分析工具,用户能很快地查找到出错的位置和原因,并做出相应的调整。

4.重复测试

负载测试是一个重复过程。每次处理完一个出错情况,用户都需要对应用程序在相同的方案下再进行一次负载测试,以此检验所做的修正是否改善了运行性能。

LoadRunner 完全支持 EJB 的负载测试。这些基于 Java 的组件运行在应用服务器上,提供广泛的应用服务。通过测试这些组件,用户可以在应用程序开发早期就确认并解决可能产生的问题。

利用 LoadRunner,用户可以很方便地了解系统的性能。它的 Controller 允许重复执行与出错修改前相同的测试方案。基于 HTML 的报告可提供一个比较性能结果所需的基准,以此衡量在一段时间内有多大程度的改进并确保应用成功。由于这些报告是基于 HTML 的文本,用户可以将其公布于公司的内部网上,便于随时查阅。

本书将在第 9 章就如何使用 LoadRunner 来测试实际的 B/S 系统以及如何使用 LoadRunner 进行实际的性能测试做介绍。

5.3.4　测试管理工具——TestDirector

TestDirector 是全球最大的软件测试工具提供商 Mercury Interactive 公司生产的企业级测试管理工具,也是业界第一个基于 Web 的测试管理系统,它可以在公司内部或外部进行全球范围内测试管理。通过在一个整体的应用系统中集成了测试管理的各个部分,包括需求管理、测试计划、测试执行及错误跟踪等功能,TestDirector 极大地加速了测试过程。

习　　题

一、选择题

1. 在黑盒测试中,着重检查输入条件组合的方法是(　　)。

A. 等价类划分法　　B. 边界值分析法　　C. 错误推测法　　D. 因果图法

2. 黑盒法是根据程序的(　　)来设计测试用例的。

A. 应用范围　　　　B. 内部逻辑　　　　C. 功能　　　　　　D. 输入数据

二、简答题

1. 简述系统测试的概念及其在软件测试中的位置。

2. 单元测试、集成测试、系统测试的侧重点是什么?

3. 简述一种系统测试的方法。

4. 在没有产品说明书和需求文档的情况下能进行黑盒测试吗?

5.黑盒测试和白盒测试是软件测试的两种基本方法,请分别说明各自的优缺点。

6.TestDirector 有哪些功能? 它是如何对软件测试过程进行管理的?

7.输入 3 个整数,判断这 3 个整数能否构成一个三角形,请用黑盒测试中的一种方法设计出相应的测试用例,并详细说明所使用的黑盒测试的过程。

第6章 回归测试技术

6.1 回归测试概述

6.1.1 回归测试的定义

回归测试是指修改了旧代码后,重新进行测试以确认修改没有引入新的错误或导致其他代码产生错误。自动回归测试将大幅降低系统测试、维护升级等阶段的成本。回归测试作为软件生命周期的一个组成部分,在整个软件测试过程中占有很大的工作量比重,软件开发的各个阶段都会进行多次回归测试。在渐进和快速迭代开发中,新版本的连续发布使回归测试进行得更加频繁,而在极端编程方法中,更是要求每天都进行若干次回归测试。因此,通过选择正确的回归测试策略来改进回归测试的效率和有效性是非常有意义的。

6.1.2 回归测试的主要内容

首先必须有一个管理良好的测试用例库,这个用例库中的所有用例必须有效,具有足够的覆盖率,并且是容易查找组织的。这需要有良好的测试管理工具,并有相应的资源(时间与人力)去维护这个测试用例库,务必使其中没有过时、冗余的测试用例,并达到一定的覆盖率。要做好回归测试,组织管理良好的测试用例库是前提。

有了测试用例库,测试人员做回归测试时要执行所有有效的测试用例吗? 这个没有绝对的答案,在很多时候如果有足够的资源用全部测试用例来做回归测试是最佳的选择。但现实中有足够资源这个理想状态比较少。如果只是修改了某个警告对话框中的单词,就要执行完所有测试用例是不切实际的。基本上很多时候开发人员自己都不敢肯定修改会不会影响到其他部分,所以测试人员需要扩大测试范围。

那么如何选择回归测试用例呢? 主要策略如下:

(1)选择全部测试用例。

选择测试用例库中的所有测试用例作为回归测试用例,这是一个较为保险的方法。在理想状态下(有足够的资源,测试人员充足),这种方法绝对是首选。但是无论从现实资源考虑还是从成本上考虑,都不可能每次回归测试包都选择所有测试用例。

(2)基于风险选择测试用例。

基于一定的风险标准从测试用例库中选择部分测试用例形成测试包是基于风险选择测试用例的方法。按测试优先级来选择最重要的、关键的和可疑的测试,而跳过那些非关键的、优先级别低的或者高稳定的测试用例。这样测试任务负担会大为减轻而且效果并不差,并且没有被发现的缺陷较少、严重性较低。

(3)基于操作剖面选择测试用例。

这种方法适用于测试用例是基于软件操作剖面开发的情况,测试用例的分布情况反映了系统的实际使用情况。回归测试时可以优先选择那些针对最重要或最频繁使用功能的测试用例,释放和缓解最高级别的风险,有助于尽早发现那些对可靠性有最大影响的故障。

(4)再测试修改部分。

这种方法是基于开发人员对修改的影响区域有较大把握时所采取的一个策略。通过相依性分析识别软件的修改情况并分析修改的影响,将回归测试局限于被改变的模块及其接口上,此时只选择相应的测试用例来做回归测试。此策略风险最大,但成本也最低,通常用于做小回归测试。

以上 4 种回归测试策略各有优缺点,实际应用中应根据项目的资源、进度及开发模式等实际情况来选择最优策略。一般情况下,在一个非用于基线的 build 中做了小修改时,建议采用策略(4),只测试修改部分,因为现在的开发流程中 build 更新较快,特别是在极限编程中,要进行完全的回归测试是不现实的,即使有自动化工具的辅助也未必能实现。在一个里程碑中,一个作为基线的 build 中的回归测试可采用策略(2)或(3),基于一定的风险选择测试,这是一个较为折中的办法,但如果资源允许,建议进行全回归测试。对于较重要的里程碑或最终版本,因为软件改动较大,所以选择策略(1)较为保险。当然这还是要依据当时的实际情况考虑。

无论采取何种策略,回归测试还是让人弃之不做却又不得不做的一种测试,因为它重复工作多并且经常工作量大,但经常发现的缺陷相对工作量来说又太少。任何人都无法承担不做回归测试带来的后果。所以在做回归测试时我们必须采取一些较为有效的方法来保证做好回归测试,最重要的就是引进自动化测试。

对于一个软件开发项目来说,项目的测试组在实施测试的过程中会将所开发的测试用例保存到测试用例库中,并对其进行维护和管理。当得到一个软件的基线版本时,用于基线版本测试的所有测试用例就形成了基线测试用例库。当需要进行回归测试时,就可以根据所选择的回归测试策略,从基线测试用例库中提取合适的测试用例组成回归测试包,通过运行回归测试包来实现回归测试。保存在基线测试用例库中的测试用例可能是自动测试脚本,也可能是测试用例的手工实现过程。

回归测试需要时间、经费和人力来计划、实施和管理。在给定的预算和进度下,为了尽可能有效率和有针对性地进行回归测试,需要对测试用例库进行维护,并依据一定的策略选择相应的回归测试包。

6.1.3　回归测试测试用例库的维护

为了最大限度地满足客户的需要和适应用户的要求,软件在其生命周期中会频繁地被修改和不断推出新的版本,修改后的或者新版本的软件会添加一些新的功能或者在软件功能上产生某些变化。随着软件的改变,软件的功能和应用接口以及软件的实现发生了演变,测试用例库中的一些测试用例可能会失去针对性和有效性,而另一些测试用例可能会变得过时,还有一些测试用例则完全不能运行。为了保证测试用例库中测试用例的有效性,必须对测试用例库进行维护。同时,被修改的或新增添的软件功能,仅仅靠重新运行以前的测试用例并不足以揭示其中的问题,有必要追加新的测试用例来测试这些新的功能或特征。因此,测试用例库的维护工作还应包括开发新测试用例,这些新的测试用例用来测试软件的新特征或者覆盖现有测试用例无法覆盖的软件功能或特征。

测试用例的维护是一个不间断的过程,通常可以将软件开发的基线作为基准,维护的主要内容包括下述几个方面。

1.删除过时的测试用例

因为需求的改变等原因可能会使一个基线测试用例不再适合被测试系统,这些测试用例就会过时。例如,某个变量的界限发生了改变,原来针对边界值的测试就无法完成对新边界的测试。所以,软件在每次修改后都应进行相应的过时测试用例的删除。

2.改进不受控制的测试用例

随着软件项目的进展,测试用例库中的用例会不断增加,其中会出现一些对输入或运行状态十分敏感的测试用例。这些测试不容易重复且结果难以控制,会影响回归测试的效率,需要进行改进,使其达到可重复和可控制的要求。

3.删除冗余的测试用例

如果存在两个或者更多个测试用例针对一组相同的输入和输出进行测试,那么这些测试用例是冗余的。冗余测试用例的存在降低了回归测试的效率,所以需要定期整理测试用例库,并将冗余的用例删除掉。

4.增添新的测试用例

如果某个程序段、构件或关键的接口在现有的测试中没有被测试,那么应该开发新测试用例重新对其进行测试,并将新开发的测试用例合并到基线测试包中。

通过对测试用例库的维护不仅改善了测试用例的可用性,而且提高了测试用例库的可信性,同时还可以将一个基线测试用例库的效率和效用保持在一个较高的级别上。

6.1.4 回归测试包的选择

在软件生命周期中,即使一个得到良好维护的测试用例库也可能变得相当大,这使每次回归测试都重新运行完整的测试包变得不切实际。一个完全的回归测试包括每个基线测试用例,时间和成本约束可能阻碍运行这样一个测试,有时测试组不得不选择一个缩减的回归测试包来完成回归测试。

回归测试的价值在于它是一个能够检测到回归错误的受控实验。当测试组选择缩减的回归测试时,有可能删除了将揭示回归错误的测试用例,消除了发现回归错误的机会。然而,如果采用代码相依性分析等安全的缩减技术,就可以决定删除哪些测试用例而不会让回归测试的意图遭到破坏。

选择回归测试策略应该兼顾效率和有效性两个方面。常用的选择回归测试的方法包括:

1.再测试全部用例

选择基线测试用例库中的全部测试用例组成回归测试包,这是一种比较安全的方法,再测试全部用例具有最低的遗漏回归错误的风险,但测试成本最高。全部再测试几乎可以应用到任何情况,基本上不需要进行分析和重新开发。但是随着开发工作的进展,测试用例不断增多,重复原先所有的测试将带来很大的工作量,往往超出了初期的预算和进度。

2. 基于风险选择测试

可以基于一定的风险标准来从基线测试用例库中选择回归测试包。首先运行最重要的、关键的和可疑的测试,而跳过那些非关键的、优先级别低的或者高稳定的测试用例,这些用例即便可能测试到缺陷,这些缺陷的严重性也仅有三级或四级。一般而言,测试需要从主要特征到次要特征进行。

3. 基于操作剖面选择测试

如果基线测试用例库的测试用例是基于软件操作剖面开发的,测试用例的分布情况反映了系统的实际使用情况。回归测试所使用的测试用例个数可以由测试预算确定,回归测试可以优先选择那些针对最重要或最频繁使用功能的测试用例,释放和缓解最高级别的风险,有助于尽早发现那些对可靠性有最大影响的故障。这种方法可以在一个给定的预算下最有效地提高系统的可靠性,但实施起来有一定的难度。

4. 再测试修改的部分

当测试者对修改的局部化有足够的信心时,可以通过相依性分析识别软件的修改情况并分析修改对软件的影响,将回归测试局限于被改变的模块和它的接口上。通常,一个回归错误一定涉及一个新的、修改的或删除的代码段。在允许的条件下,回归测试尽可能覆盖受到影响的部分。

再测试全部用例的策略是最安全的策略,但已经运行过许多次的回归测试不太可能揭示新的错误,而且很多时候,由于时间、人员、设备以及经费的原因,不允许选择再测试全部用例的回归测试策略,此时,可以选择适当的策略进行缩减的回归测试。

6.1.5　回归测试在项目质量管理中的应用

在软件生命周期中的任何一个阶段,只要软件发生了改变,就可能对该软件带来问题。软件的改变可能是源于发现了错误并做了修改,也有可能是因为在集成或维护阶段加入了新的模块。在增量型软件开发过程中,通常将软件分成几个阶段进行开发,在一个阶段的软件开发结束后将被测软件交给测试组进行测试,而下一个阶段增加的软件又有可能对原来的系统造成破坏。因此,每当软件发生变化时,我们就必须重新测试原有的功能,以便确定修改是否达到了预期的目的,检查修改是否损害了原有的正常功能。

回归测试是为了确保对系统进行的更改没有影响到旧系统的正常运行。测试用例一般由两部分组成,一部分是自动测试用例,另一部分是手工测试用例。

在测试计划阶段根据被测系统的特点确定测试用例的集合,由于被测试系统的软件分几个阶段进行发布,因此需要对系统进行分阶段测试。在测试计划阶段选定一部分测试用例作为重要的测试用例,需要在几个阶段重复进行测试,而另一部分测试用例在整个测试的开始阶段和结束阶段要求完全覆盖,在中间阶段根据被测系统的特性分别选定。由于自动测试用例一般不需要测试人员的参与,因此可以根据情况选择在各个阶段全部测试或类似于手工测试用例进行部分测试。

由于测试是分阶段进行的,需要明确分阶段计划及每个阶段需要对被测系统执行的测试用例。

确定测试通过的标准以及测试意外的处理过程。对于每个分阶段的测试又分成测试运行阶段(ATR)和测试通过阶段(ATP)两个子阶段,确定每个子阶段测试通过的标准。

当新阶段开始的时候,要审查被测系统是否符合测试条件,对达到标准的被测系统使用计划中确定的测试用例进行测试,比较实际测试结果同计划测试结果的一致性,记录测试结果。

测试用例的正确性确认,分析测试发现的错误是否是有效错误,提交相应的更改错误请求(SR),并记录错误原因。

由于系统在不断地升级,因此系统的需求也在不断地更新,有些新的需求影响到了以前的测试用例,当测试时发现测试用例同原来需求的结果不一致的地方,需要和需求进行确认,如果是被测系统的错误则提交相应的错误报告,如果是测试用例的错误则需要对相应的测试用例进行更新。

在测试计划阶段就确定好测试各个分阶段需要执行的测试用例,从而在实际执行测试阶段可以依照选定的测试用例对被测系统进行测试,测试结束后对测试结果进行分析。由于实际执行时被测系统同计划阶段的需求可能会有不一致的情况,对于在执行阶段执行的测试用例同计划阶段要求执行的测试用例不一致的地方要进行分析和记录原因,并由相关负责人进行确认。对于实际执行测试中没有通过的测试用例的原因进行分析,确定原因分布。

当回归测试阶段结束时,测试经理要提交各个阶段的测试用例分布、测试结果、测试发现的错误点、发现的错误是否确认原因以及发现的错误是否已经解决。

测试经理还需提交测试计划中确定的测试用例分布和实际测试用例分布对应表及意外原因,对于本阶段的测试进行经验总结,以作为下一阶段的测试指导。

6.2 回归测试的基本方法

6.2.1 回归测试的过程

有了测试用例库的维护方法和回归测试包的选择策略,回归测试可遵循下述基本过程进行:

(1)识别出软件中被修改的部分。

(2)从原基线测试用例库 T 中排除所有不再适用的测试用例,确定那些对新的软件版本依然有效的测试用例,其结果是建立一个新的基线测试用例库 T0。

(3)依据一定的策略从 T0 中选择测试用例来测试被修改的软件。

(4)如果有必要,生成新的测试用例集 T1 用于测试 T0 无法充分测试的软件部分。

(5)用 T1 测试修改后的软件。

步骤(2)和(3)测试验证修改是否破坏了现有的功能,步骤(4)和(5)测试验证修改工作本身。

6.2.2 回归测试实践方法

在实际工作中,回归测试需要反复进行,当测试者一次又一次地完成相同的测试时,这些回归测试将变得非常令人厌烦,而大多数回归测试需要手工完成的时候尤其如此,因此需要通过自动测试来实现重复的和一致的回归测试。通过测试自动化可以提高回归测试效率。为了支持多种回归测试策略,自动测试工具应具有通用和灵活的特点,以满足达到不同回归测试目标的要求。

测试软件时,应用多种测试技术是很常见的,当测试一个修改了的软件时,测试者也可能希望采用多于一种回归测试策略来增加对修改软件的信心。不同的测试者可能会依据自己的经验和判断选择不同的回归测试技术和策略。

回归测试并不减少对系统新功能和特征的测试需求,回归测试包应包括对新功能和新特征的测试。如果回归测试包不能达到所需的覆盖要求,则必须补充新的测试用例使覆盖率达到规定的要求。

回归测试是重复性较多的活动,容易使测试者感到疲劳和厌倦,降低测试效率,在实际工作中可以采用一些策略减轻这些问题。例如,安排新的测试者完成手工回归测试,分配更有经验的测试者开发新的测试用例,编写和调试自动测试脚本,做一些探索性的 ad hoc 测试。还可以在不影响测试目标的情况下,鼓励测试者创造性地执行测试用例,变化的输入、按键和配置能够有助于激励测试者揭示新的错误。

在组织回归测试时需要注意两点:首先,各测试阶段发生的修改一定要在本测试阶段内完成回归,以免将错误遗留到下一测试阶段;其次,回归测试期间应对该软件版本冻结,将回归测试发现的问题集中修改、集中回归。

在实际工作中,可以将回归测试与兼容性测试结合起来进行。在新的配置条件下运行旧的测试可以发现兼容性问题,同时也可以揭示编码在回归方面的错误。

6.2.3　如何做好回归测试

总结回归测试的方法,不管在国内还是在国外,都是个头疼的话题。做是要做,也能做,但是从效率角度说可是千差万别。给予足够多的人或时间,测试人员总是可以保证回归测试进行得彻底,可是那并不是做事情的方法和解决问题的手段。比如,Google 的 James Whittaker 所说:"事实上,有些测试组坚持要保持一个规模相对比较大的团队,主要是因为他们的假设前提就是有些事情做错了。这也意味着编码和测试之间的工作失衡。添加更多的测试人员并不能解决任何问题。"

要进行高效的回归测试,按角色需从以下几个方面着手。

首先,开发人员应该做到以下两个方面:

①开发人员在发布新的版本之前要做冒烟测试(Smoke Testing),尽可能早地发现一些影响测试的严重 Bug。

②开发人员在修改 Bug 状态时,要注明修改了哪个模块的哪些函数,这些信息有助于测试人员去分析该 Bug 是否真的修复好并对系统产生哪些影响。

其次,测试人员应该尽可能从以下几个方面着手:

①要熟悉系统的业务流程。对于该 Bug(或新增功能)的业务需求以及关联模块要很清楚,可以尽快进入测试状态并保证测试的质量。

②及时更新测试用例,保证执行的测试用例是最新的。

③要掌握测试用例的优先级别,分清孰轻孰重,把时间花在刀刃上。对于优先级高的功能优先并充分测试,在时间允许的前提下再测试优先级低的功能。

④借助自动化工具测试相对稳定的功能。

⑤及时与开发人员进行有效的沟通,更多地了解业务及系统,及时反馈测试情况。

⑥有效的测试管理。作为测试经理应该对于自己的组员有足够的了解,根据测试人员的技能,合理分配测试任务。

⑦测试人员应该熟悉系统开发的语言。

6.2.4　回归测试的方式

执行回归测试应分为以下三个阶段:

1.第一阶段

提供被新功能或有依赖关系的改动直接影响的区域。这些区域至少要完成一组覆盖全部特性的基本功能的测试用例。

2.第二阶段

把第一阶段重复发现的问题列出来,这些信息可以从第一阶段的最终测试报告中找到。也就是说,每个阶段的测试报告需要包括重复发现的问题。同时,把客户关系和敏感的特性列出来,如付费等。

3.第三阶段

热点套件(Hot-spot Suite)是基于前两个阶段发现的比较多的问题区域。因为缺陷往往在比较容易发生缺陷的地方隐藏更多,所以这样的地方需要增加测试人员。

额外增加的测试往往是由于后期编写代码,或者有依赖关系的特性改动。这个测试范围的定位需要再次使用影响测试列表(Test Impact Checklist)。

可用性测试(Sanity Test)是在产品发布给客户之前做的测试,类似于搞怪测试(Monkey Test)。

从执行方法的角度看,回归测试大多要通过两种方式去执行:一种借助于工具完成的自动化测试,一种是手动完成测试。从回归测试的计划和策略讲,一般有以下两种方法:

(1)基于风险的测试。

这是一个比较简单和常用的方法,顾名思义,基于风险的测试就是在分析出改动所带来的风险以后,在易出错的地方进行回归测试以保证原有的功能没有被新的变化影响。这对于新改动的风险分析很重要。如何准确地获得风险列表呢?

①所在风险。

这可以从以往和开发人员以及项目经理等人的会议及 E-mail 的讨论中获得。

②新功能的测试计划。

在编写测试用例和写测试计划时,因为要比较系统和全面地了解新功能,所以可以同时把可能有的风险列出来,以供日后的回归测试而进行双重保证。

③商业价值。

商业价值就是最赚钱的地方、客户最在意的地方。因为这些地方的一点点小错误都可能引来客户的抱怨和不满,所以这些地方就尤其重要。相反,商业价值比较小的地方,有点错误也无伤大雅,那么测试重点就该有所先后。

④权重计算。

影响产品质量的权重参数很多,可以估计和预测的有以下方面:

a. 项目架构,包括功能之间的依赖关系、功能的复杂度以及需求变更等。

b. 项目大小,多少人开发,多少人测试。

c. 开发人员的能力。可以从开发人员的薄弱环节,或是某个能力稍差的开发人员做的模块下手,找到 Bug 是在情理之中的。

(2)矩阵法。

矩阵法虽然麻烦,但是却最高效,也是目前看来最佳的方法。但是这个方法的执行需要质量经理(QA Manager)有很强的执行能力以及一个沟通比较通畅的团队。以下为这种方法执行的具体步骤:

首先,创建一个影响回归的功能和特性矩阵(Regression Impact Matrix)。

影响回归的功能和特性表见表 6.1。表中"X"表示新特性将对已有功能造成直接影响;"R"表示新特性对已有功能存在间接影响。

表 6.1　影响回归的功能和特性表

新特征/功能	寻呼业务	修复	多次选择	突出选择
级联数据	R	X	R	
搜索服务器		X		X

其次,创建一个影响测试的列表。这个列表可以由以下部分组成:

①影响范围。

②对影响的描述。

③所影响的特定情节。

④代码变化部分以及所影响的功能。

⑤开发人员所推荐的回归。在研发过程中,养成在改动代码的时候向测试人员提供回归测试推荐的习惯是必要的。

⑥对有依赖关系的特性的影响。

由于要达成某种改动的目的,因此需要其他特性做相应的修改。

6.3　回归测试的相关工具介绍

6.3.1　回归测试工具——SilkTest

SilkTest 是一个符合成本效益的、强大的自动化功能测试和回归测试工具,它提供先进的自动化测试,可用于许多项目利益相关者的能力测试。

SilkTest 是创建跨应用技术的强大、稳健和快速的并广泛使用的自动化测试软件,能够保证高质量的应用并降低成本。其具体优点如下:

1. 加快上市时间

软件交付组织面临持续的压力,软件市场的更新速度很快。这意味着测试如果是一个手动过程,将成为一个瓶颈。因此,SilkTest 被广泛用来创建跨应用技术的功能强大的测试自动化,帮助组织检查软件,不断为它的变化确保缺陷不蠕变,确保部署的应用程序的可靠性。所以,使用 SilkTest 加快了软件上市时间。

2.增加配置测试生产力

互联网的互联互通功能意味着应用程序需要与各种各样的客户端配置测试,以确保部署时正确。测试人员使用 SilkTest 创建自动化测试,可以对多个浏览器和操作系统组合运行。SilkTest 能够创建一个脚本,可以在许多环境中使用,提高了生产率和自动化测试的投资回报率。

3.Sucessful 数据驱动测试

为确保应用程序具备良好的输入数据,测试人员使用 SilkTest 工具在不同的数据条件下进行多次测试。

SilkTest 的特性与优势见表6.2。

表6.2　SilkTest 的特性与优势

基于角色的脚本用户界面	具有自动化测试的用户界面,参与用户为软件使用利益相关者,以确保应用程序的不断验证
支持行业领先的 Web 2.0	掌握复杂的 Web 2.0 应用程序的自动化,提高检测速度并降低测试成本
创建强大的测试资产	先进的动态对象识别和同步提供的测试脚本,更简单、更可靠,维护成本更低
最快的测试执行	基于 SilkTest 快速、高效的重播技术,通过测试期间持续集成测试,早期发现缺陷来提高软件质量
跨浏览器支持	测试脚本一次编写,操作系统和浏览器上运行

6.3.2　回归测试工具(Quick Test Professional)

QTP 也可以用于回归测试,具体可以参见本书5.3.2节中 QTP 的详细介绍。

6.3.3　自动化测试工具 SilkTest 和 QTP 的对比

1.编程语言

QTP 一直以来都使用 VBScript 作为自己的引擎。

而 SilkTest,可以支持. Net、C#、Java 以及自身的4Test。

2.检查点(Checkpoint)

QTP 的检查点只在对象库中才能查看属性,也可以使用其他经典的 GetRoProperty 手段做验证。

而 SilkTest 则直接通过代码显示检查对象的属性等信息。

3.录制/回放

QTP 的录制分为标准录制模式、低级别录制模式(WinObject 对象模式)及模拟录制模式(模拟鼠标运动轨迹)。视图采用了业务专家(SME)的 Keyword View 和编程人员的

Expert View。

而 SilkTest 有 SilkWorkBench、Silk4J、Silk4Net、SilkClassic 等 IDE,支持 VB. Net、C#、Java 等 IDE。

4. 脚本

QTP 的脚本不是纯文本,它在创建工程时(QTP 中的工程称为 Test,而不是 Project),会生成资源文件,比如 ObjectRepository. bdb、Resource. mtr,还有截图目录 SnapShots 目录,而脚本代码放在 Script. mts 中,在代码行后附着了 Active Screen 关联的图片信息。另外,启动信息在 Action0 这个目录里。

而 SilkTest 就是单一的脚本文件,可以直接修改。

5. 异常捕获、场景恢复

QTP 的场景设计独立于脚本,在脚本外进行配置。

而 SilkTest 则需要自己编程实现。

6. 插件支持(Add-ins)

QTP 每个编程语言都需要一个插件,通过插件来识别对象。

而 SilkTest 不需要安装插件。

7. Web 2.0 支持

QTP 对于 Web 2.0 的支持不太完美,Ajax/DHTML 和 Flex 等需要通过激活 Object 进行实现。

而 SilkTest 在 Web 2.0 的支持上较好,全面支持 Ajax/DHTML、Flex/Adobe Air 及. Net 4.0。

8. 参数化、数据驱动

QTP 直接把数据驱动的框架内嵌在自己的 DataTable 上,以 DataTable Object 的内核结合 Action 迭代驱动脚本运行。

而 SilkTest 有自己的 Data Driven 向导,直接操作,快速完成,还支持直接从数据库里面查询测试数据。

9. 平台支持

QTP 只能运行在 Windows 上,而且对于不同版本 Windows 的兼容也有问题。

而 SilkTest 则通过 SilkBean 支持 Java 的应用,可以在 Linux 平台上回放。

10. 分布式、云计算

QTP 本身带有 Remote Agent,可以远程调度,但是它的商业意图过度明显,因为这个远程调用是通过 Quality Center/ALM 来完成的。

Selenium 具有 Grid,它通过 Runtime&Agent 技术实现。

11. 对象库、对象存储

QTP 用单独的文件存储对象库,本地对象库放在 ObjectRepository. bdb 文件里,共享对象库放在××××. tsr 文件里,管理起来很复杂。因为对象库的比较、合并、参数化全部都需到额外的对象库管理器里去实现,而且实现参数化还要做映射,操作复杂。

而 SilkTest 可以直接通过编辑器编辑。

12. 采购成本、ROI

QTP 以前根据插件收费来整合起来销售，采购成本较高。

SilkTest 则不同，它提供了 RunTime 的 License 模式，降低了采购成本。

13. 自动化框架

QTP 的天生劣势使得它的自动化框架部署非常困难和麻烦，这也是几年前很多人在网上争论不休的原因。

6.4　自动化测试工具 QTP 使用实验

人工测试非常浪费时间，而且需要投入大量的人力。使用人工测试的方式，往往是在应用程序交付前，无法对应用程序的所有功能都做完整的测试。使用自动化测试工具 QuickTest 可以加速整个测试的过程，并且建置完新版本的应用程序或网站后，可以重复使用测试脚本进行测试。

以 QTP 执行测试，就与人工测试一样，QTP 会仿真鼠标的动作与键盘的输入，但 QTP 比人工测试快很多。自动化测试的优点见表 6.3。

表 6.3　自动化测试的优点

自动化测试的优点	
快速	QTP 执行测试比人工测试速度快很多。
可靠	QTP 每次测试都可以正确地执行相同的动作，可以避免人工测试的错误
可重复	QTP 可以重复执行相同的测试
可程序化	QTP 以程序的方式撰写复杂的测试脚本，带出隐藏在应用程序中的信息
广泛性	QTP 可以建立广泛的测试脚本，涵盖应用程序的所有功能
可再使用	QTP 可以重复使用测试脚本，即使应用程序的使用接口已经改变

如表 6.4 所示的例子，如果要进行穷举测试，人工测试需要重复测试 1 000 次，自动化测试工具能提高测试效率。

表 6.4　QTP 工具的测试效率

平台	1	Intel
操作系统	5	Windows 95、Windows 98、NT 4.0、Windows 2000、Windows XP
不同数据	10	行数据
支持语言	4	英语、法语、德语、日语
业务流程数量	5	登录、查找、输入、确认、执行
运行的测试	$1 \times 5 \times 10 \times 4 \times 5 = 1\ 000$	
测试包括简单场景的所有排列		

6.4.1　实验目的

(1)熟悉功能测试的目的及原理。

(2)了解 HP QTP 工具的基本原理及具体测试步骤。

(3)按照要求完成老师布置的实验内容。

6.4.2　演示实验

QTP 在安装时会把一个样例程序也安装到机器上,可以通过选择"开始"→"所有程序"→"Quick Test Professional"→"Sample Applications"来查看和打开样例程序。样例程序包括一个 Windows 程序和一个 Web 程序。Windows 程序名为"Flight",是一个机票预定系统,如图 6.1 所示。

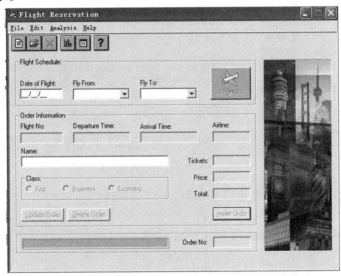

图 6.1　机票预定系统

Web 应用程序名为"Mercury Tours Web Site",是一个连接到 URL 为"http://newtours. mercuryinteractive.com/"的网站,且基于 Web 的机票预定系统。

样例程序可以为初学者提供一个基本的测试对象,另外,QTP 的很多帮助文档都是以这些样例程序为测试对象讲述相关的测试方法、测试对象和函数使用的,因此,熟悉这些样例程序对于学习 QTP 大有益处。

(1)启动 QTP。

安装好 QTP 后,我们可以通过选择菜单"开始"→"所有程序"→"Quick Test Professional"→"Quick Test Professional"来启动 QTP(或者双击桌面上 QTP 的快捷图标)。

(2)插件加载设置与管理。

启动 QTP 后,将显示如图 6.2 所示的插件管理界面。

QTP 默认支持 Active X、VB 和 Web 插件,License 类型为"Built-In"。如果安装了其他类型的插件,也将在列表中列出来。

为了性能上的考虑以及对象识别的稳定和可靠性,建议只加载需要的插件。例如,QTP 自带的样例应用程序"Flight"是标准 Windows 程序,里面的部分控件类型为 Active X 控件,

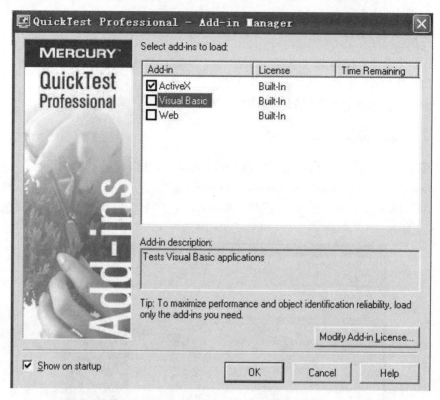

图 6.2　插件管理界面

因此,在测试这个应用程序时,可以仅加载"Active X"插件。

(3)创建一个空的测试项目。

加载插件后,QTP 显示如图 6.3 所示界面。

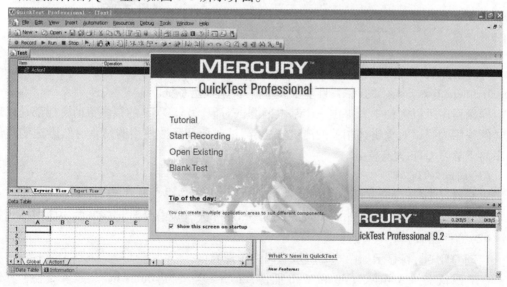

图 6.3　加载插件界面

①选择"Tutorial"将打开 QTP 的帮助文档。

②选择"Start Recording"进入测试录制功能。

③选择"Open Existing"将打开现有的测试项目文件。

④选择"Blank Test"将创建一个空的测试项目。

把"show this screen on startup"设置为不勾选,则下次启动 QTP 时不显示该界面,而是创建一个空的测试项目。

(4)录制和测试运行设置。

进入 QTP 的主界面,如图 6.4 所示。

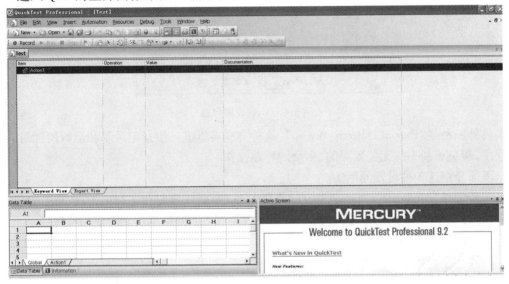

图 6.4　QTP 主界面

在主界面中,选择菜单"Automation"→"Record and Run Settings",出现如图 6.5 所示的录制和运行设置界面。

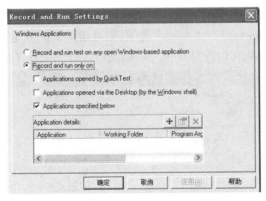

图 6.5　录制和运行设置界面

这里由于加载的插件不包括 Web 插件,因此,录制和运行的设置也仅针对"Windows Applications",如果加载了 Web 插件,则多出一页"Web"的设置界面,如图 6.6 所示。

(5)指定需要录制的应用程序。

在设置 Windows 应用程序的录制和运行界面中,可以选择两种录制程序的方式:

一种是"Record and run test on any open Windows-based application",也就是说,可以录制和运行所有在系统中出现的应用程序。

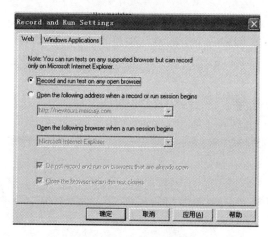

图 6.6　Web 设置界面

另外一种是"Record and run only on",这种方式可以进一步指定录制和运行所针对的应用程序,避免录制一些无关紧要的、多余的界面操作。

下面介绍这 3 种设置的用法。

①若选择"Application opened by QuickTest"选项,则仅录制和运行由 QTP 调用的程序,例如,通过在 QTP 脚本中使用 SystemUtil. Run 或类似下面的脚本启动的应用程序:

//创建 Wscript 的 Shell 对象

Set Shell = CreateObject("Wscript. Shell")

//通过 Shell 对象的 Run 方法启动记事本程序 S

hell. Run "notepad"

②若选择"Applications opened via the Desktop(by the windows shell)"选项,则仅录制那些通过开始菜单选择启动的应用程序,或者是在 Windows 文件浏览器中双击可执行文件启动的应用程序,或者是在桌面双击快捷方式图标启动的应用程序。

③若选择"Application specified below"选项,则可指定录制和运行添加到列表中的应用程序。例如,如果仅想录制和运行"Flight"程序,则可进行如图 6.7 所示的设置。

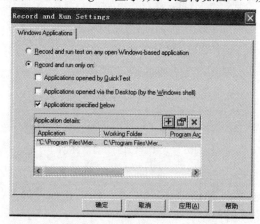

图 6.7　录制和运行"Flight"程序

单击"+"按钮,在如图6.8所示的界面中添加"Flight"程序可执行文件所在的路径。

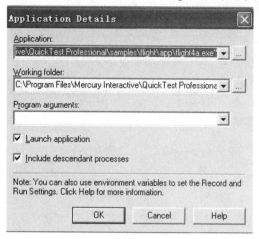

图6.8　添加文件路径

"Flight"程序的可执行文件可在 QTP 的安装目录下找到,例如:C:\Program Files\Mercury Interactive\QuickTest Professional\samples\flight\app。

使用 QTP 编写第一个自动化测试脚本。

设置成仅录制"Flight"程序后,选择菜单"Automation"→"Record",或按快捷键 F3,QTP 将自动启动指定目录下的"Flight"程序,出现如图6.9所示的界面,并且开始录制所有基于"Flight"程序的界面操作。

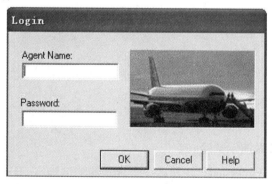

图6.9　录制界面操作

这时如果在其他应用程序的界面上做任何的操作,QTP 并不会将其录制下来,而是仅录制与"Flight"程序相关的界面操作。

按 F4 键停止录制后,将得到如图6.10所示的录制结果。在关键字视图中,可看到录制的测试操作步骤,每个测试步骤涉及的界面操作都会在"Active Screen"界面显示出来。

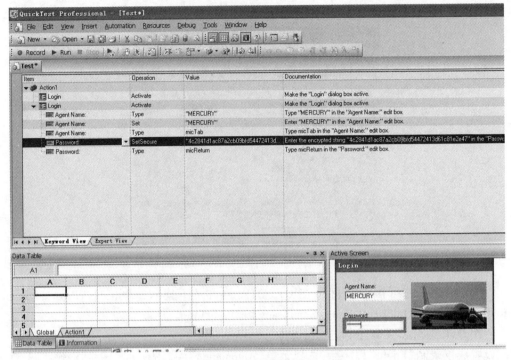

图 6.10　录制结果

切换到专家视图界面,则可看到如图 6.10 所示的测试脚本,这样就完成了一个最基本的测试脚本的编写。

6.4.3　实验要求

1. 安装和设置功能测试开发环境

(1)从 HP 官网下载 QTP10.0。

(2)运行 setup. exe 安装 QTP10.0。

2. 跟据 6.4.2 小节做演示实验

(1)执行 QuickTest Professional 并开启一个全新的测试脚本。

①开启 QuickTest Professional,在"Add-in Manager"窗口中选择"Web"选项,点击"OK"关闭"Add-in Manager"窗口,进入 QuickTest Professional 主窗口。

②如果 QuickTest Professional 已经启动,检查"Help>About QuickTest Professional",查看目前加载了哪些 add-ins。如果没有加载"Web",那么必须关闭并重新启动 QuickTest Professional,然后在"Add-in Manager"窗口中选择"Web"。

③如果在执行 QuickTest Professional 时没有开启"Add-in Manager",则点击"Tool>Options",在"General"标签页勾选"Display Add-in Manager on Startup",在下次执行 QuickTest Professional 时就会看到"Add-in Manager"窗口了。

(2)登录 Mercury Tours 网站。

在用户名和密码栏输入注册时使用的账号和密码,点击"Sign-in",进入"Flight Finder"网页。

（3）输入订票数据。

输入以下订票数据：

①Departing From：New York。

②On：May 14。

③Arriving In：San Francisco。

④Returning：May 28。

⑤Service Class：Business class。

⑥其他字段保留默认值，点击"CONTINUE"按钮，打开"Select Flight"页面。

（4）选择飞机航班。

可以保存默认值，点击"CONTINUE"按钮，打开"Book a Flight"页面。

（5）输入必填字段（红色字段）。

①输入用户名和信用卡号码（信用卡可以输入虚构的号码，如 8888-8888）。

②点击网页下方的"SECURE PURCHASE"按钮，打开"Flight Confirmation"网页。

（6）完成定制流程。

查看订票数据，并选择"BACK TO HOME"回到 Mercury Tours 网站首页。

（7）停止录制。

①在 QuickTest 工具列上点击"Stop"按钮，停止录制。

②到这里已经完成了预定"纽约—旧金山"机票的动作，并且 QuickTest 已经录制了从按下"Record"按钮后到"Stop"按钮之间的所有操作。

（8）保存脚本。

选择"File>Save"或者点击工具栏上的"Save"按钮，开启"Save"对话窗口。选择路径，填写文件名，我们取名为 Flight。点击"保存"按钮进行保存。

3. 认真研究简单程序，熟悉 QTP 的基本使用方法，按照给定的实验指导书操作

4. 提交实验报告

习　　题

1. 为什么要进行回归测试？进行回归测试的意义是什么？

2. 回归测试的基本方法有哪些？

3. 所有的软件缺陷都能修复吗？所有的软件缺陷都要修复吗？

4. 使用 QTP 做功能测试，录制脚本时，要验证多个用户的登录情况/查询情况，应如何操作？

5. QTP 中的 Action 有什么作用？有哪几种？

6. 完成 6.4 节的回归测试工具 QTP 实验并提交实验报告。

第 7 章 验收测试技术

7.1 验收测试的定义

验收测试(Acceptance Testing)是指系统开发生命周期的一个阶段,这时相关的用户或独立测试人员根据测试计划和结果对系统进行测试和接收。它让系统用户决定是否接收系统,也是确定产品是否满足合同或用户所规定需求的测试。验收测试是在功能测试和系统测试之后进行的,所以验收测试的前提条件是系统或软件产品已通过了内部测试,然后和用户一起验收软件,在真实环境下运行软件,查看是否存在与用户需求不一致的问题或违背产品规格书的要求。由于测试人员不可能完全预见用户的实际使用情况,因此软件是否真正满足最终用户的要求,应由用户进行一系列的验收测试。

7.2 验收测试的主要内容

验收测试是部署软件之前的最后一个测试操作,验收测试的目的是确保软件准备就绪,并且可以让最终用户执行软件的既定功能和任务。

验收测试是向未来的用户表明系统能够像预定要求那样工作,也就是验证软件的有效性。验收测试的任务即验证软件的功能和性能如同用户所期待的那样。验收测试的主要内容有制订验收测试标准、配置项复审及实施验收测试。

7.2.1 制订验收标准

实现软件确认要通过一系列测试,验收测试同样需要制订测试计划和过程。测试计划应规定测试的种类和测试进度,测试过程则定义一些特殊的测试用例,目的是说明软件与合同要求是否一致。无论是计划还是过程,都应该着重考虑以下几个方面:

(1)软件是否满足合同规定的所有功能和性能。

(2)文档资料是否完整。

(3)人机界面是否准确。

(4)其他方面(如可移植性、兼容性、错误恢复能力和可维护性等)是否令用户满意。

7.2.2 配置项复审

验收测试的另一个重要环节是配置项复审。在进行验收测试之前,必须保证所有软件配置项都能进入验收测试,只有这样才能保证最终交付给用户的软件产品的完整性和有效性。复审的目的:保证软件配置齐全、分类有序,并且包括软件维护所必需的细节。进行验收测试必须要了解验收测试的过程,只有按照验收过程的步骤进行,才能保证验收测试的顺利实施。

在工程及其他相关领域中,验收测试是指确认一个系统是否符合设计规格或契约之需求内容的测试,可能会包括化学测试、物理测试或性能测试。在系统工程中验收测试可能包括在系统(例如一套软件系统、许多机械零件或一批化学制品)交付前的黑盒测试中。软件开发者常会将系统开发者进行的验收测试和客户在接受产品前进行的验收测试分开。在进行主要测试程序之前,常用冒烟测试作为一个阶段的验收测试。

7.2.3　实施验收测试

验收测试的准备工作做好之后,就要进入验收测试的实施阶段。在此阶段需要采用一些常用的验收测试策略,如 α 测试、β 测试等。实施验收测试是整个验收测试过程中的核心部分。

7.2.4　验收测试的过程

(1)软件需求分析。了解软件功能和性能要求、软硬件环境要求等,特别要了解软件的质量要求和验收要求。

(2)编制《验收测试计划》和《项目验收准则》。根据软件需求和验收要求编制测试计划,制订需测试的测试项、测试策略及验收通过准则,并通过客户参与的计划评审。

(3)测试设计和测试用例设计。根据《验收测试计划》和《项目验收准则》编制测试用例,并通过评审。

(4)测试环境搭建。建立测试的硬件环境、软件环境等。(可在委托客户提供的环境中进行测试。)

(5)测试实施。测试并记录测试结果。

(6)测试结果分析。根据验收通过准则分析测试结果,做出验收是否通过及测试评价。

(7)测试报告。根据测试结果编制缺陷报告和验收测试报告,并提交给客户。

7.2.5　验收测试的步骤

验收测试共分为如下 11 个步骤:

(1)验收测试业务洽谈,双方就测试项目及合同进行洽谈。

(2)签订测试合同。

(3)开发方提交测试样品及相关资料。开发方需提交的以下文档。基本文档(验收测试必需的文档):用户手册、安装手册、操作手册、维护手册、软件开发合同、需求规格说明书、软件设计说明、软件样品(可刻录在光盘);特殊文档:根据测试内容不同,开发方需提交软件产品在开发过程中的测试记录、软件产品源代码。

(4)开发方提交测试样品及相关资料。

(5)编制测试计划并通过评审。

(6)进行项目相关知识培训。

(7)测试设计。评测中心编制测试方案和设计测试用例集。

(8)方案评审。评测中心测试组成员、委托方代表一起对测试方案进行评审。

(9)实施测试。评测中心对测试方案进行整改并实施测试。在测试过程中每日提交测试事件报告给委托方。

(10)编制验收测试报告并组织评审。评测中心编制验收测试报告,并组织内部评审。

(11)提交验收测试报告。评测中心提交验收测试报告。

验收测试通常可以包括安装(升级)、启动与关机、功能测试(正例、重要算法、边界、时序、反例、错误处理)、性能测试(正常的负载、容量变化)、压力测试(临界的负载、容量变化)、配置测试、平台测试、安全性测试、恢复测试(在出现掉电、硬件故障或切换、网络故障等情况时,系统是否能够正常运行)、可靠性测试等。

在一般情况下,性能测试和压力测试常在一起进行,通常还需要辅助工具的支持。进行性能测试和压力测试时,测试范围必须限定在那些使用频度高的和时间要求苛刻的软件功能子集中。由于开发方已经事先进行过性能测试和压力测试,因此可以直接使用开发方的辅助工具。也可以通过购买或自己开发来获得辅助工具。具体的测试方法可以参考相关的软件工程书籍。

如果执行了所有的测试案例、测试程序或脚本,用户在验收测试中发现的所有软件问题都已解决,而且所有的软件配置均已更新和审核,可以反映出软件在用户验收测试中所发生的变化,用户验收测试就完成了。

7.2.6　验收测试标准

实现软件确认要通过一系列黑盒测试。验收测试同样需要制订测试计划和过程,测试计划应规定测试的种类和测试进度,测试过程则定义一些特殊的测试用例,旨在说明软件与需求是否一致。无论是计划还是过程,都应该着重考虑软件是否满足合同规定的所有功能和性能,文档资料是否完整、人机界面和其他方面(如可移植性、兼容性、错误恢复能力和可维护性等)是否令用户满意。验收测试的结果有两种可能:一种是功能和性能指标满足软件需求说明的要求,用户可以接受;另一种是软件不满足软件需求说明的要求,用户无法接受。项目进行到这个阶段才发现严重错误和偏差一般很难在预定的工期内改正,因此必须与用户协商,寻求一个妥善解决问题的方法。

7.3　α测试与β测试

软件开发人员不可能完全预见用户实际使用程序的情况,例如,用户可能错误地理解命令,或提供一些奇怪的数据组合,也可能对设计者自认明了的输出信息迷惑不解等。因此,软件是否真正满足最终用户的要求,应由用户进行一系列"验收测试"。验收测试既可以是非正式的测试,也可以是有计划、有系统的测试。有时,验收测试长达数周甚至数月,不断暴露错误,导致开发延期。一个软件产品可能拥有众多用户,不可能由每个用户验收,此时多采用称为α测试和β测试的过程,以期发现那些似乎只有最终用户才能发现的问题。α测试是指软件开发公司组织内部人员模拟各类用户对即将面市软件产品(称为α版本)进行测试,试图发现错误并修正。α测试的关键在于尽可能逼真地模拟实际运行环境和用户对软件产品的操作并尽最大努力涵盖所有可能的用户操作方式。经过α测试调整的软件产品称为β版本。紧随其后的β测试是指软件开发公司组织各方面的典型用户在日常工作中实际使用β版本,并要求用户报告异常情况、提出批评意见。然后软件开发公司再对β

版本进行改错和完善。β 测试一般包括功能度、安全可靠性、易用性、可扩充性、兼容性、效率、资源占用率及用户文档 8 个方面。

实施验收测试的常用策略有以下 3 种：

(1) 非正式验收，即 α 测试。

(2) β 测试。

(3) 正式验收测试。

选择的策略通常建立在合同需求、组织和公司标准以及应用领域的基础上。

7.3.1　α 测试

α 测试是由一个用户在开发环境下进行的测试，也可以是公司内部的用户在模拟实际操作环境下进行的测试。α 测试的目的是评价软件产品的 FLURPS(即功能、局域化、可使用性、可靠性、性能和支持)，尤其注重产品的界面和特色。α 测试可以从软件产品编码结束之时开始，或在模块(子系统)测试完成之后开始，也可以在确认测试过程中产品达到一定的稳定和可靠程度之后再开始，α 测试即非正式验收测试。

在非正式验收测试中，执行测试过程的限定不像正式验收测试中那样严格，在此测试中，确定并记录要研究的功能和业务任务，但没有可以遵循的特定测试用例，测试内容由各测试员决定，这种验收测试方法不像正式验收测试那样组织有序，但更为主观。大多数情况下，非正式验收测试是由最终用户组织执行的。

非正式验收或 α 测试的优点：

(1) 要测试的功能和特性都是已知的。

(2) 可以对测试过程进行评测和监测。

(3) 可接受性标准是已知的。

(4) 与正式验收测试相比，可以发现更多由于主观原因造成的缺陷。

非正式验收或 α 测试的缺点：

(1) 要求资源、计划和管理资源。

(2) 无法控制所使用的测试用例。

(3) 最终用户可能沿用系统工作的方式，并可能无法发现缺陷。

(4) 最终用户可能专注于比较新系统与遗留系统，而不是专注于查找缺陷。

(5) 用于验收测试的资源不受项目的控制，并且可能受到压缩。

7.3.2　β 测试

β 测试是一种验收测试。所谓验收测试是软件产品完成了功能测试和系统测试之后，在产品发布之前所进行的软件测试活动，它是技术测试的最后一个阶段，通过了验收测试，产品就会进入发布阶段。验收测试一般根据产品规格说明书严格检查产品，逐行逐字地对照说明书上对软件产品所做出的各方面要求，确保所开发的软件产品符合用户的各项要求。通过综合测试之后，软件已完全组装起来，接口方面的错误也已排除，软件测试的最后一步——验收测试即可开始。验收测试应检查软件能否按合同要求进行工作，即是否满足软件需求说明书中的确认标准。

β 测试需要的控制是最少的。在 β 测试中，采用的细节多少、数据和方法完全由各测试员决定,各测试员负责创建自己的环境、选择数据,并决定要研究的功能、特性或任务。各测试员负责确定自己对于系统当前状态的接受标准。β 测试由最终用户实施,通常开发(或其他非最终用户)组织对其管理很少或不进行管理。β 测试是所有验收测试策略中最主观的。

β 测试的优点如下:

(1)测试由最终用户实施。

(2)大量的潜在测试资源。

(3)提高客户对参与人员的满意程度。

(4)与正式或非正式验收测试相比,可以发现更多由于主观原因造成的缺陷。

β 测试的缺点如下:

(1)未对所有功能和/或特性进行测试。

(2)测试流程难以评测。

(3)最终用户可能沿用系统工作的方式,并可能没有发现或没有报告缺陷。

(4)最终用户可能专注于比较新系统与遗留系统,而不是专注于查找缺陷。

(5)用于验收测试的资源不受项目的控制,并且可能受到压缩。

(6)可接受性标准是未知的。

(7)需要更多辅助性资源来管理 β 测试员。

β 测试由软件的最终用户在一个或多个客房场所进行。与 α 测试不同,开发者通常不在 β 测试的现场,其原因为 β 测试是软件在开发者不能控制的环境中的"真实"应用。用户在 β 测试过程中遇到的一切问题(真实的或想象的)要定期报告给开发者。接收到在 β 测试期间报告的问题之后,开发者对软件产品进行必要的修改,并准备向全体客户发布最终的软件产品。

7.3.3 正式验收测试

正式验收测试是一项管理严格的过程,它通常是系统测试的延续。计划和设计这些测试的周密和详细程度不亚于系统测试。选择的测试用例应该是系统测试中所执行测试用例的子集。在其他组织中,验收测试则完全由最终用户组织执行,或者由最终用户组织选择人员组成一个客观公正的小组来执行。

正式验收测试的优点:

(1)要测试的功能和特性都是已知的。

(2)测试的细节是已知的,并且可以对其进行评测。

(3)这种测试可以自动执行,支持回归测试。

(4)可以对测试过程进行评测和监测。

(5)可接受性标准是已知的。

正式验收测试的缺点:

(1)要求大量的资源和计划。

(2)这些测试可能是系统测试的再次实施。

(3)可能无法发现软件中由于主观原因造成的缺陷,这是因为使用者只查找预期要发现的缺陷。

7.4 验收测试流程

按照项目开发计划和测试计划,项目组内开发人员按时提交源代码给项目组内部测试人员,同时附"测试通知单"。软件开发人员接到测试人员的"测试日志"后,及时完成错误的修改和调试,并在规定的时间内返回给测试人员进行回测。申请项目阶段评审时,软件项目开发组提交有关测试工件给软件产品评测部做该阶段测试工作评估。系统测试完成后,项目测试组总结测试过程,分析测试情况,做《测试分析报告》。软件产品评测部负责对项目组进行测试工作指导,参加项目阶段评审工作,并对项目组提交的测试工件进行技术评估,在项目结项前进行验收测试,完成《验收测试报告》。

7.4.1 用户验收测试的总体思路

用户验收测试是在软件开发结束后,用户对软件产品投入实际应用以前进行的最后一次质量检验活动。它要回答开发的软件产品是否符合预期的各项要求,以及用户能否接受的问题。由于它不只是检验软件某个方面的质量,而是要进行全面的质量检验,并且要决定软件是否合格,因此验收测试是一项严格的正式测试活动。需要根据事先制订的计划,进行软件配置评审、功能测试、性能测试等多方面检测。

用户验收测试可以分为两大部分,即软件配置审核和可执行程序测试。其大致顺序可分为文档审核、源代码审核、配置脚本审核、测试程序或脚本审核、可执行程序测试。需要注意的是,在开发方将软件提交用户方进行验收测试之前,必须保证开发方本身已经对软件的各方面进行了足够的正式测试(当然,这里的"足够"本身是很难准确定量的)。

用户在按照合同接收并清点开发方的提交物时(包括以前已经提交的),要查看开发方提供的各种审核报告和测试报告内容是否齐全,再加上平时对开发方工作情况的了解,基本可以初步判断开发方是否已经进行了足够的正式测试。

用户验收测试的每个相对独立的部分,都应该有目标(本步骤的目的)、启动标准(着手本步骤必须满足的条件)、活动(构成本步骤的具体活动)、完成标准(完成本步骤要满足的条件)和度量(应该收集的产品与过程数据)。在实际验收测试过程中,收集度量数据不是一件容易的事情。

7.4.2 软件配置审核

对于一个外包的软件项目而言,软件承包方通常要提供如下相关的软件配置内容:可执行程序、源程序、配置脚本、测试程序或脚本。

主要的开发类文档:《需求分析说明书》《概要设计说明书》《详细设计说明书》《数据库设计说明书》《测试计划》《测试报告》《程序维护手册》《程序员开发手册》《用户操作手册》及《项目总结报告》。

主要的管理类文档:《项目计划书》《质量控制计划》《配置管理计划》《用户培训计划》《质量总结报告》《评审报告》《会议记录》及《开发进度月报》。

在开发类文档中,容易被忽视的文档有《程序维护手册》和《程序员开发手册》。《程序维护手册》的主要内容包括系统说明(包括程序说明)、操作环境、维护过程、源代码清单等,编写目的是为将来的维护、修改和再次开发工作提供有用的技术信息。《程序员开发手册》的主要内容包括系统目标、开发环境使用说明、测试环境使用说明、编码规范及相应的流程等,实际上就是程序员的培训手册。

不同规模的项目都必须具备上述文档内容,只是可以根据实际情况进行重新组织。对上述的提交物,最好在合同中规定提交的阶段时机,以免发生纠纷。

通常,正式的审核过程分为五个步骤,即计划、预备会议(可选)、准备阶段、审核会议和问题追踪。预备会议对审核内容进行介绍并讨论;准备阶段就是各责任人事先审核并记录发现的问题;审核会议最终确定工作产品中包含的错误和缺陷。

审核要达到的基本目标是:根据共同制订的审核表,尽可能地发现被审核内容中存在的问题,并最终得到解决。根据相应的审核表进行文档审核和源代码审核时,要注意文档与源代码的一致性。

在实际的验收测试执行过程中,常常会发现文档审核是最难的工作,一方面,由于市场需求等方面的压力使这项工作常常被弱化或推迟,造成持续时间变长,加大文档审核的难度;另一方面,文档审核中不易把握的地方非常多,每个项目都有一些特别的地方,而且也很难找到可用的参考资料。

7.4.3　可执行程序的测试

在文档审核、源代码审核、配置脚本审核、测试程序或脚本审核都顺利完成后,就可以进行验收测试的最后一个步骤——可执行程序的测试,包括功能、性能等方面的测试,每种测试也都包括目标、启动标准、活动、完成标准和度量五部分。

习　　题

一、选择题

1. 验收测试以(　　)文档作为测试的基础。

A. 需求规格说明书　　　B. 设计说明书　　　C. 源程序　　　D. 开发计划

二、简答题

1. 验收测试的参与人员有哪些? 依据是什么?

2. 组织验收测试需要做哪些准备工作?

3. β 测试与 α 测试有什么区别?

4. 软件验收测试除了 α 测试、β 测试外,还有哪些?

5. 请试着比较黑盒测试、白盒测试、单元测试、集成测试、系统测试、验收测试的区别与联系。

6. 验收中和用户共同测试(UAT 测试)时注意哪些问题?

第8章　自动化测试工具 LoadRunner

8.1　LoadRunner 简介

随着软件开发技术的不断发展和日益成熟,现代应用程序也越来越复杂,应用程序可以利用数十个甚至数百个组件完成以前用纸或人工完成的工作。在业务处理过程中,应用程序复杂度与潜在故障点数目之间有直接的关联,这使得找出问题根本原因变得越来越困难。

软件惊人的变化速度和激增的复杂性为软件开发过程带来了巨大的风险,严格的性能测试是量化和减少这种风险最常见的策略。使用 HP LoadRunner 进行自动化负载测试是应用程序部署过程中一个非常重要的环节。

8.1.1　实现自动化性能测试的原因

自动化性能测试是利用产品、人员和流程来降低应用程序、升级程序或补丁程序部署风险的一种手段。自动化性能测试的核心是向预部署系统施加工作负载,同时评估系统性能和最终用户体验。一次组织合理的性能测试可以让用户清楚以下几点:

(1)应用程序对目标用户的响应是否足够迅速?

(2)应用程序是否能够游刃有余地处理预期用户负载?

(3)应用程序是否能够处理业务所需的事务数?

(4)在预期和非预期用户负载下应用程序是否稳定?

(5)是否能够确保用户在使用此应用程序时感到满意?

通过回答以上问题,自动化性能测试可以量化由业务状况的更改所带来的影响,反过来也可以让用户清楚部署此应用程序的风险。有效的自动化性能测试可帮助用户做出更加明智的发行决定,防止发行的应用程序带来系统停机和可用性问题。

8.1.2　LoadRunner 组件的组成

LoadRunner 包含以下组件:

(1)Virtual User Generator 录制最终用户业务流程并创建自动化性能测试脚本,即 Vuser 脚本。

(2)Controller 组织、驱动、管理并监控负载测试。

(3)Load Generator 通过运行 Vuser 产生负载。

(4)Analysis 用于查看、剖析和比较性能结果。

(5)Launcher 使用用户可以从单个访问点访问所有 LoadRunner 组件。

8.1.3　LoadRunner 术语

（1）场景。场景文件根据性能要求定义每次测试期间发生的事件。

（2）Vuser。在场景中，LoadRunner 用虚拟用户（Vuser）代替真实用户。Vuser 模仿真用户的操作来使用应用系统。一个场景可以包含数十、数百乃至数千个 Vuser。

（3）脚本。Vuser 脚本描述 Vuser 在场景中执行的操作。

（4）事物。要评测服务器性能，需要定义事务，事务代表要评测的终端用户业务流程。

8.1.4　负载测试流程

负载测试一般包括五个阶段，即规划负载测试、创建 Vuser 脚本、定义场景、运行场景及分析结果，如图 8.1 所示。

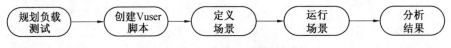

图 8.1　负载测试流程

（1）规划负载测试：定义性能测试要求（如并发用户数量）、典型业务流程和要求的响应时间。

（2）创建 Vuser 脚本：在自动化脚本中录制最终用户活动。

（3）定义场景：使用 LoadRunner11 Controller 设置负载测试环境。

（4）运行场景：使用 LoadRunner11 Controller 驱动、管理并监控负载测试。

（5）分析结果：使用 LoadRunner11 Analysis 创建图和报告并评估性能。

8.1.5　熟悉 HP Web Tours

（1）启动 Hp Web Tours 示例。

点击"开始"→"程序"→"Hp LoadRunner"→"samples"→"Web"→"start web server"→"Hp Web Tours Application"（或者在浏览器中输入：http://127.0.0.1:1080/Web-Tours/），进入示例的主页面，如图 8.2 所示。

图 8.2　示例主页面

（2）启动 Web Server 服务后，在浏览器中输入"http://127.0.0.1:1080/"进入 LoadRunner11 的主页面。

（3）在示例主页面的左窗格中输入用户名和密码，点击登录按钮。

Username：jojo

Password：bean

（4）预定机票（flights），在"Credit Card"（信用卡）框中输入"12345678"，并在"Exp Date"（到期日）框中输入"06/10"，单击"Continue"（继续），这时打开"Invoice"（发票）页面，显示用户的发票。

（5）在任务栏上，单击"Terminate"，退出 Web Server。

8.2　LoadRunner 的功能

8.2.1　创建负载测试

Controller 是中央控制台，用来创建、管理和监控用户的测试。用户可以使用 Controller 来运行模拟实际用户操作的示例脚本，并通过让一定数量的 Vuser 同时执行这些操作，在系统上产生负载。

1. 打开 HP LoadRunner11 界面

选择"开始"→"程序"→"HP LoadRunner11>LoadRunner11"，打开 LoadRunner11.00 界面，如图 8.3 所示。

图 8.3　打开 LoadRunner 界面

2. 打开 Controller

在"LoadRunner11 Launcher"界面中单击"Run Load Tests"（运行负载测试），在默认情况

下，LoadRunner11 Controller 打开时将显示"新建场景"对话框，如图8.4所示。

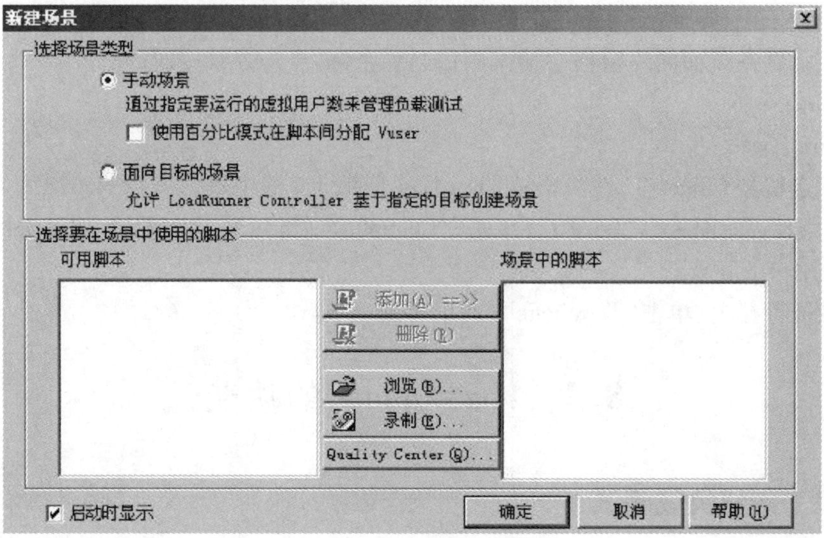

图 8.4　打开 Controller 界面

3. 打开示例测试

打开"Controller"菜单，选择"文件"→"打开"，然后打开 LoadRunner 安装位置\tutorial 目录中的 demo_scenario. lrs，如图 8.5 所示。

（a）

（b）

图 8.5　打开示例测试

　　打开 LoadRunner Controller 的"设计"选项卡，demo_script 测试将出现在"场景组"窗格中，用户可以看到已经分配了 10 个 Vuser 来运行此测试，如图 8.6 所示。

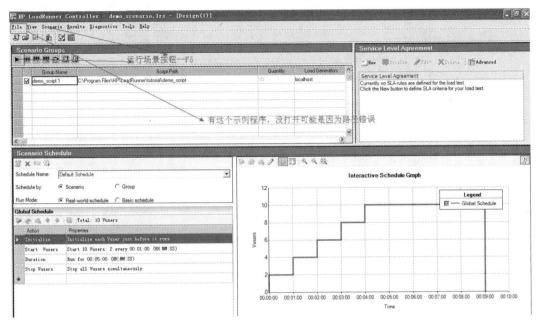

图 8.6　打开"设计"选项卡

　　备注：如果没有将教程安装在默认 LoadRunner 安装目录下，脚本路径就会出错（脚本路径将显示为红色），要输入正确的路径，选择脚本并单击向下箭头，单击浏览按钮并转至 <LoadRunner 安装位置>\tutorial 目录中的 demo_script，然后单击确定按钮。

8.2.2　运行负载测试

　　在图 8.7 中，运行选项卡中，点击"开始场景"按钮，将出现 Controller 运行视图并开始运行场景。

　　在"场景组"窗格中，可以看到 Vuser 逐渐开始运行并在系统中生成负载，用户可以通过联机图像看到服务器对 Vuser 操作的响应情况，如图 8.8 所示。

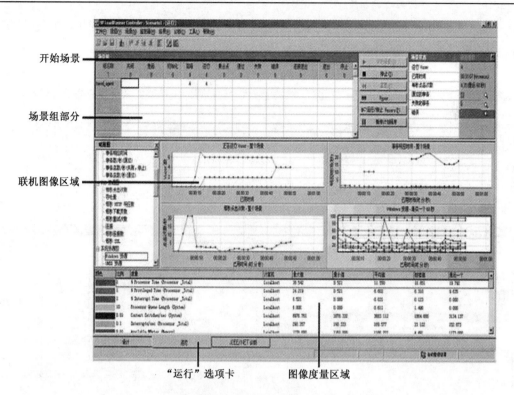

图 8.7　运行负载测试

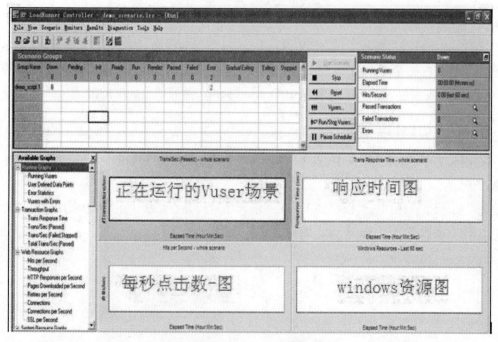

图 8.8　服务器对 Vuser 操作的响应情况

8.2.3　监控负载测试

在应用程序中生成负载时,用户希望实时了解应用程序的性能及潜在的瓶颈,使用 LoadRunner 的一套集成监控器可以评测负载测试期间系统每层的性能以及服务器和组件的性能。LoadRunner 包含多种后端系统主要组件(如 Web、应用程序、网络、数据库和 ERP/CRM 服务器)的监控器。

1. 查看默认图像

在图 8.9 中,在默认情况下 Controller 显示"正在运行 Vuser"图、"事务响应时间"图、"每秒点击次数"图和"Windows 资源"图,前三个不需要配置,只需要配置好 Windows 资源监控器来进行这次测试。

(1)正在运行 Vuser(整个场景),通过图 8.9 可以监控在给定的时间内运行的 Vuser 数目,用户可以看到 Vuser 以每分钟 2 个的速度逐渐开始运行。

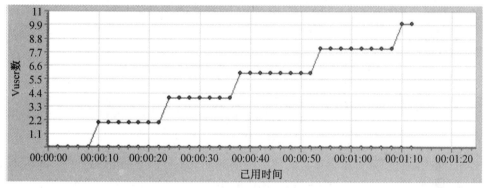

图 8.9　正在运行 Vuser(整个场景)

(2)事务响应时间(整个场景),通过图 8.10 可以监控完成每个事务所用的时间,用户可以看到客户登录、搜索航班、购买机票、查看线路和注销所用的时间。

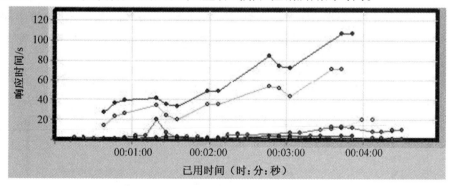

图 8.10　事务响应时间(整个场景)

另外还可以看到,随着越来越多的用户登录到被测试的应用程序进行工作,事务响应时间逐渐延长,提供给客户的服务水平也越来越低。

(3)每秒点击次数(整个场景)。通过图 8.11 可以监控场景运行期间 Vuser 每秒向 Web 服务器提交的点击次数(HTTP 请求数),这样用户就可以了解服务器中生成的负载量。

(4)Windows 资源。通过图 8.12 可以监控场景运行期间评测的 Windows 资源使用情况

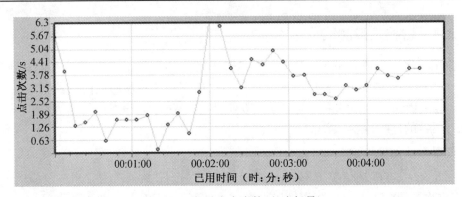

图 8.11　每秒点击次数(整个场景)

(如 CPU、磁盘或内存的利用率)。

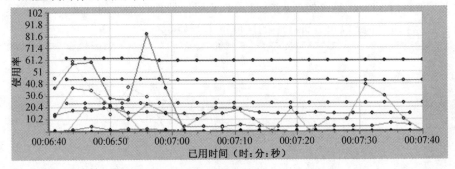

图 8.12　Windows 资源图(最后一个 60 s)

提示:每个测量值都显示在窗口底部的图例部分以不同颜色标记的行中。每行对应图中与之颜色相同的一条线。选中一行时,图中的相应线条将突出显示,反之亦然。

8.2.4　查看错误信息

如果计算机负载很重,则很可能发生错误。

在"可用图树"中选择错误统计信息图,并将其拖到"Windows 资源图"窗格中,图 8.13 提供了场景运行期间所发生错误的详细数目和发生时间。错误按照来源分组,例如在脚本中的位置或负载生成器的名称。

在本例中,用户可以看到 5 分钟后,系统开始不断发生错误。这些错误是由于响应时间延长,导致发生超时而引起的,如图 8.13 所示。

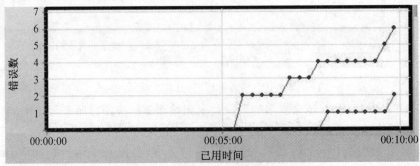

图 8.13　错误统计信息(整个场景)

备注:场景要运行几分钟,在场景运行过程中,可以在图像和 Vuser 之间来回切换,显示联机结果。

8.2.5　分析结果

测试运行结束后,LoadRunner 会提供由详细图和报告构成的深入分析,用户可以将多个场景的结果组合在一起来比较多个图。另外也可以使用自动关联工具,将所有包含可能对响应时间有影响的数据的图合并起来,准确地指出问题的原因。使用这些图和报告,可以轻松找出应用程序的性能瓶颈,同时确定需要对系统进行哪些改进以提高其性能。要打开 Analysis 来查看场景,可选择"结果"→"分析结果"或单击"分析结果"按钮。结果保存在 <LoadRunner 安装位置>\Results\tutorial_demo_res 目录下,如图 8.14 所示。

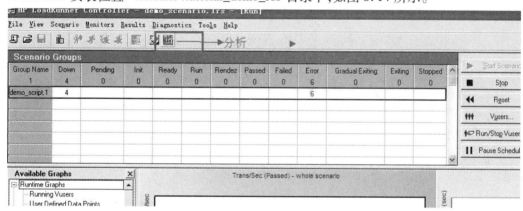

图 8.14　测试结果分析

8.3　LoadRunner 实验

8.3.1　实验目的

(1)安装软件 LoadRunner11 中文版,熟悉 LoadRunner11 软件的基本功能,能够正确应用。

(2)通过登录订票网站订票,来测试个人的笔记本/台式机性能。

(3)理解软件质量的重要性,掌握软件测试的大体过程,能够学以致用。

8.3.2　实验内容及要求

(1)熟悉测试的相关术语以及软件 LoadRunner11 的组件与测试流程。

(2)生成脚本。通过熟悉应用程序要求、录制脚本、运行脚本、脚本优化来生成脚本。

(3)运行负载测试,分 3 次通过不断地增加订票人数来测试和对测试结果进行分析,以检查计算机的性能。

(4)分析结果:通过 Analysis 窗口来分析测试得到的数据,查看系统平均响应时间,研究 Vuser 行为等。

(5)提交实验报告。

习　　题

1. 自动化测试工具的优点有哪些？

2. LoadRunner 分为哪 3 个部分？

3. 简述 LoadRunner 的测试流程。

4. 什么是并发？在 LoadRunner 中，如何进行并发测试？集合点失败了会怎么样？

5. 按 8.3 节完成 LoadRunner 的实验并提交实验报告。

第9章　App 测试工具 MonkeyRunner

　　随着现代科技的发展,中国乃至全球移动互联网覆盖的人数不断增加,用户使用 App 的深度也在不断加深,移动互联网开始拥有愈发丰富的可能性。移动互联网大潮正以前所未有之势席卷传统行业,整个社会也在不知不觉中迈入以各种平板、智能手机等移动终端为信息传播主导媒介的移动互联网时代,随着移动设备的快速崛起,随之而来的是 App 呈现爆发式增长。在智能终端的冲击下,原有的 WAB 软件已经跟不上时代的步伐,因此在新一轮技术的变革下,App 手机客户端成为人们的新宠儿,App 正对游戏、艺术品、零售、新闻媒介和旅游等行业产生深刻变革。而 App 手机客户端软件,对于企业来说将会带来更大更强的潜能作用,企业在手机客户端里不仅可以发布该企业的产品、资讯活动和企业动态等信息,同时通过消息、评论和分享等消费者与商家的互动功能,加强了商户与消费者的联系,拉近了企业与个人用户的距离,从而使企业在宣传企业形象、灵活开展品牌活动和扩大企业品牌影响力方面提供了有力的支持。

　　例如,一些餐饮行业的 App 除了发布产品信息等一系列基础功能外,还加入了定位功能,这也将是产品的一大特色,可以很方便地搜索附近的商家店铺,进行预约、订餐等功能。另外,很多企业、餐饮、旅游等 App 里面都加入了时下最流行的 App 推广方式、信息名址推送、二维码扫描、上传到 App 应用商店等功能,这让 App 应用本身也具有了强大推广功能。App 现在已成为企业的对外形象展示平台,App 的打造成功使企业竞争能力大幅度提升,可以让企业在市场中占有有利地位。在今后互联网市场上,App 将成为主流市场,企业与行业发展的信息互通与共享,将会使 App 走向高端化,不容易被淘汰。

9.1　移动 App 测试点

9.1.1　安全测试

App 的安全测试主要包括以下几方面。

1. 软件权限

(1)扣费风险:包括发送短信、拨打电话、连接网络等。

(2)隐私泄露风险:包括访问手机信息、访问联系人信息等。

(3)对 App 的输入有效性校验、认证、授权、敏感数据存储、数据加密等方面进行检测。

(4)限制/允许使用手机功能接入互联网。

(5)限制/允许使用手机发送接收信息功能。

(6)限制/允许应用程序来注册自动启动应用程序。

(7)限制或使用本地连接。

(8)限制/允许使用手机拍照或录音。

（9）限制/允许使用手机读取用户数据。

（10）限制/允许使用手机写入用户数据。

（11）检测 App 的用户授权级别、数据泄漏、非法授权访问等。

2. 安装与卸载安全性

（1）应用程序应能正确安装到设备驱动程序上。

（2）能够在安装设备驱动程序上找到应用程序的相应图标。

（3）是否包含数字签名信息。

（4）JAD 文件和 JAR 包包含的所有托管属性及其值必须是正确的。

（5）JAD 文件显示的资料内容与应用程序显示的资料内容应一致。

（6）安装路径应能指定。

（7）没有用户的允许，应用程序不能预先设定自动启动。

（8）卸载是否安全，所安装的文件是否全部卸载。

（9）卸载用户在使用过程中产生的文件是否有提示。

（10）其修改的配置信息是否复原。

（11）卸载是否影响其他软件的功能。

（12）卸载应该移除所有的文件。

3. 数据安全性

（1）当密码或其他的敏感数据输入到应用程序时，其不会被储存在设备中，同时密码也不会被解码。

（2）输入的密码将不以明文形式进行显示。

（3）密码、信用卡明细或其他敏感数据将不被储存在它们预输入的位置上。

（4）不同应用程序的个人身份证或密码长度必须至少为 4～8 个数字长度。

（5）当应用程序处理信用卡明细或其他敏感数据时，不以明文形式将数据写到其他单独的文件或者临时文件中。

（6）防止应用程序异常终止而又没有删除它的临时文件，文件可能遭受入侵者的袭击，然后读取这些数据信息。

（7）备份应该加密，恢复数据应考虑恢复过程的异常通信中断等，数据恢复后在使用前应该经过校验。

（8）应用程序应考虑系统或者虚拟机器产生的用户提示信息或安全警告。

（9）应用程序不能忽略系统或者虚拟机器产生的用户提示信息或安全警告，更不能在安全警告显示前利用显示误导信息欺骗用户，应用程序不应该模拟进行安全警告误导用户。

（10）在删除数据前，应用程序应当通知用户或者应用程序提供一个"取消"命令的操作。

（11）"取消"命令操作能够按照设计要求实现其功能。

（12）应用程序应当能够处理不允许应用软件连接到个人信息管理的情况。

（13）当进行读或写用户信息操作时，应用程序将会向用户发送一个操作错误的提示信息。

（14）在没有用户明确许可的前提下不损坏个人信息，同时管理应用程序中的任何内容。

（15）应用程序读和写数据正确。

（16）应用程序应当有异常保护。

（17）如果数据库中重要的数据正要被重写，应及时告知用户。

（18）能合理地处理出现的错误。

（19）意外情况下应提示用户。

4. 通信安全性

（1）在运行软件过程中，如果有来电、SMS、EMS、MMS、蓝牙、红外等通信或充电时，是否能暂停程序，优先处理通信，并在处理完毕后能正常恢复软件，继续其原来的功能。

（2）当创立连接时，应用程序能够处理因为网络连接中断进而告诉用户连接中断的情况。

（3）应能处理通信延时或中断。

（4）应用程序将保持工作到通信超时，进而发送给用户一个错误信息，提示有连接错误。

（5）应能处理网络异常和及时将异常情况通报用户。

（6）应用程序关闭或网络连接不再使用时，应及时关闭或断开网络连接。

（7）HTTP、HTTPS 覆盖测试。

①App 和后台服务一般都是通过 HTTP 来交互的，验证 HTTP 环境下是否正常。

②公共免费网络环境中（如麦当劳、星巴克等）都要输入用户名和密码，通过 SSL 认证来访问网络，需要对使用 HTTP Client 的 Library 异常做捕获处理。

5. 人机接口安全性

（1）返回菜单总保持可用。

（2）命令有优先权顺序。

（3）声音的设置不影响应用程序的功能。

（4）应用程序必须利用目标设备适用的全屏尺寸来显示上述内容。

（5）应用程序必须能够处理不可预知的用户操作，例如错误的操作和同时按下多个键。

9.1.2　安装、卸载测试

App 的安装卸载测试主要是验证 App 是否能正确安装、运行、卸载以及操作过程和操作前后对系统资源的使用情况。

1. 安装

（1）软件在不同操作系统（Palm OS、Symbian、Linux、Android、iOS、Black Berry OS、Windows Phone）下安装是否正常。

（2）软件安装后是否能够正常运行，安装后的文件夹及文件是否写到了指定的目录里。

（3）软件安装各个选项的组合是否符合《概要设计说明书》。

（4）软件安装向导的 UI 测试。

（5）软件安装过程是否可以取消，点击取消后，写入的文件是否按概要设计说明进行处理。

（6）软件安装过程中意外情况（如死机、重启、断电）的处理是否符合需求。

（7）安装空间不足时是否有相应提示。

（8）安装后没有生成多余的目录结构和文件。

（9）对于需要通过网络验证之类的安装，在断网情况下重新尝试。

（10）还需要对安装手册进行测试，依照安装手册是否能顺利安装。

2. 卸载

（1）直接删除安装文件夹，是否有提示信息。

（2）测试系统直接卸载程序，是否有提示信息。

（3）测试卸载后文件，是否删除所有的安装文件夹。

（4）卸载过程中出现的意外情况（如死机、断电、重启）的测试。

（5）卸载是否支持取消功能，单击取消后软件卸载的情况 。

（6）系统直接卸载 UI 测试，是否有卸载状态进度条提示 。

9.1.3　UI 测试

App 的 UI 测试是测试用户界面（如菜单、对话框、窗口和其他可视控件）布局、风格是否满足客户要求，文字是否正确，页面是否美观，文字、图片组合是否完美，操作是否友好等。

UI 测试的目标是确保用户界面会通过测试对象的功能来为用户提供相应的访问或浏览功能，确保用户界面符合公司或行业的标准，包括用户友好性、人性化、易操作性测试。

1. 导航测试

（1）按钮、对话框、列表和窗口等，或在不同的连接页面之间需要导航。

（2）是否易于导航，导航是否直观。

（3）是否需要搜索引擎。

（4）导航帮助是否准确直观。

（5）导航与页面结构、菜单、连接页面的风格是否一致。

2. 图形测试

（1）横向比较，各控件操作方式统一。

（2）自适应界面设计，内容根据窗口大小自适应。

（3）页面标签风格是否统一。

（4）页面是否美观。

（5）页面的图片应有其实际意义而要求整体有序美观。

（6）图片质量要高，图片尺寸在设计符合要求的情况下应尽量小。

（7）界面整体使用的颜色不宜过多。

3. 内容测试

（1）输入框说明文字的内容与系统功能是否一致。

（2）文字长度是否加以限制。

（3）文字内容是否表意不明。

（4）是否有错别字。

（5）信息是否为中文显示。

（6）是否有敏感性词汇、关键词。

（7）是否有敏感性图片，如涉及版权、专利、隐私等图片。

9.1.4　功能测试

App 的功能测试是根据软件说明或用户需求验证 App 的各个功能实现，采用如下方法实现并评估功能测试过程：

（1）采用时间、地点、对象、行为和背景五元素或业务分析等方法分析、提炼 App 的用户使用场景，对比说明或需求，整理出内在、外在及非功能直接相关的需求，构建测试点，并明确测试标准，若用户需求中无明确标准遵循，则需要参考行业或相关国际标准或准则。

（2）根据被测功能点的特性列出相应类型的测试用例对其进行覆盖，如涉及输入的地方需要考虑等价、边界、负面、异常或非法、场景回滚、关联测试等测试类型对其进行覆盖。

（3）在测试实现的各个阶段跟踪测试实现与需求输入的覆盖情况，及时修正业务或需求理解错误。

1. 运行

（1）App 安装完成后的试运行，是否可正常打开软件。

（2）App 打开测试，是否有加载状态进度提示。

（3）App 打开速度测试，速度是否可视。

（4）App 页面间的切换是否流畅，逻辑是否正确。

（5）注册。

①是否为同表单编辑页面。

②是否规定用户名、密码长度。

③是否显示注册后的提示页面。

④前台注册页面和后台管理页面的数据是否一致。

⑤注册后，在后台管理中是否显示页面提示。

（6）登录。

①是否使用合法的用户登录系统。

②系统是否允许多次非法的登录，是否有次数限制。

③使用已经登录的账号登录系统是否正确处理。

④使用禁用的账号登录系统是否正确处理。

⑤用户名、口令（密码）错误或漏填时能否登录。

⑥删除或修改后的用户，能否用原用户名登录。

⑦不输入用户口令和用户名、重复点"确定"或"取消"按钮是否允许登录。

⑧登录后，页面是否显示登录信息。

⑨页面上是否有注销按钮。

⑩是否有登录超时的处理。

（7）注销。

①注销原模块，新的模块系统能否正确处理。

②终止注销能否返回原模块、原用户。

③注销原用户，新用户系统能否正确处理。

④使用错误的账号、口令、无权限的、被禁用的账号能否进行注销。

2. 应用的前后台切换

（1）App 切换到后台,再回到 App,检查是否停留在上一次操作界面。

（2）App 切换到后台,再回到 App,检查功能及应用状态是否正常,IOS4 和 IOS5 的版本处理机制有的不同。

（3）App 切换到后台再回到前台时,注意程序是否崩溃,功能状态是否正常,尤其是对于从后台切换回前台的数据有自动更新的时候。

（4）手机锁屏解屏后进入 App,注意是否会崩溃,功能状态是否正常,尤其是对于从后台切换回前台的数据有自动更新的时候。

（5）在 App 使用过程中有电话进来中断后,再切换到 App,功能状态是否正常。

（6）终止 App 进程后,再开启 App,App 能否正常启动。

（7）出现必须处理的提示框后,切换到后台,再切换回来,检查提示框是否还存在,有时候会出现应用自动跳过提示框的缺陷。

（8）对于有数据交换的页面,每个页面必须进行前后台切换、锁屏的测试,这种页面最容易出现崩溃。

3. 免登录

很多 App 提供免登录功能,当应用开启时自动以上一次登录的用户身份来使用 App。

（1）App 有免登录功能时,需要考虑 IOS 版本差异。

（2）考虑无网络情况时能否正常进入免登录状态。

（3）切换用户登录后,要校验用户登录信息及数据内容是否更新,确保原用户退出。

（4）根据 MTOP 的现有规则,一个账户只允许登录一台手机,所以需要检查一个账户登录多台手机的情况。原手机里的用户需要被踢出,要给出友好提示。

（5）App 切换到后台,再切回前台的校验。

（6）切换到后台,再切换回前台的测试。

（7）密码更换后,检查有数据交换时是否进行了有效身份的校验。

（8）支持自动登录的 App 在进行数据交换时,检查系统是否能自动登录成功并且数据操作无误。

（9）检查用户主动退出登录后,下次启动 App 应停留在登录界面。

4. 数据更新

根据 App 的业务规则及数据更新量的情况来确定最优的数据更新方案。

（1）需要确定哪些地方需要提供手动刷新,哪些地方需要自动刷新,哪些地方需要手动加自动刷新。

（2）确定哪些地方从后台切换回前台时需要进行数据更新。

（3）根据业务、速度及流量的合理分配,确定哪些内容需要实时更新,哪些需要定时更新。

（4）确定数据展示部分的处理逻辑,是每次从服务端请求还是有缓存到本地,这样才能有针对性地进行相应测试。

（5）检查有数据交换的地方,均要有相应的异常处理。

5. 离线浏览

很多 App 会支持离线浏览,即在本地客户端会缓存一部分数据供用户查看。

(1)在无网络情况下可以浏览本地数据。

(2)退出 App 再开启 App 时能正常浏览。

(3)切换到后台再切回前台可以正常浏览。

(4)锁屏后再解屏回到应用前台可以正常浏览。

(5)对服务端的数据有更新时会给予离线的相应提示。

6. App 更新

(1)当客户端有新版本时,有更新提示。

(2)当版本为非强制升级版时,用户可以取消更新,老版本能正常使用。用户在下次启动 App 时仍能出现更新提示。

(3)当版本为强制升级版时,若给出强制更新后用户没有做更新,则退出客户端。下次启动 App 时仍出现强制升级提示。

(4)当客户端有新版本时,在本地不删除客户端的情况下,直接更新检查是否能正常更新。

(5)当客户端有新版本时,在本地不删除客户端的情况下,检查更新后的客户端功能是否是新版本。

(6)当客户端有新版本时,在本地不删除客户端的情况下,检查资源同名文件(如图片)是否能正常更新为最新版本。

如果以上无法更新成功,也都属于缺陷。

7. 定位、照相机服务

(1)App 在用到相机、定位服务时,需要注意系统版本差异。

(2)在用到定位服务、照相机服务的地方,需要进行前后台的切换测试,检查应用是否正常。

(3)当定位服务没有开启时,使用定位服务会友好性地弹出是否允许设置定位提示,当确定允许开启定位时,能自动跳转到定位设置中开启定位服务。

(4)测试定位、照相机服务时,需要采用真机进行测试。

8. 时间测试

客户端可以自行设置手机的时区、时间,因此需要校验该设置对 App 的影响。

中国为东 8 区时区,所以当手机设置的时间非东 8 区时,查看需要显示时间的地方,时间是否显示正确,应用功能是否正常。时间一般需要根据服务器时间再转换成客户端对应的时区来显示,这样的用户体验比较好。比如发表一篇微博在服务端记录的是 10:00,此时,华盛顿时间为 22:00,客户端去浏览时,如果设置的是华盛顿时间,则显示的发表时间即为22:00,当时间设回东 8 区时间时,再查看则显示为 10:00。

9. Push 测试

(1)检查 Push 消息是否按照指定的业务规则发送。

(2)不接收推送消息时,检查用户不会再接收到 Push 消息。

（3）如果用户设置了免打扰的时间段,检查在免打扰时间段内,用户接收不到 Push 消息。在非免打扰时间段,用户能正常收到 Push 消息。

（4）当 Push 消息是针对登录用户时,需要检查收到的 Push 消息与用户身份是否相符,没有错误时再将其他人的消息推送过来。一般情况下,只对手机上最后一个登录用户进行消息推送。

（5）测试 Push 时,需要采用真机进行测试。

9.1.5　性能测试

App 的性能测试可评估 App 的时间和空间特性。

（1）极限测试。在各种边界压力情况下,如电池、存储、网速等,验证 App 是否能正确响应。

①内存满时安装 App。

②运行 App 时手机断电。

③运行 App 时断掉网络。

（2）响应能力测试。测试 App 中的各类操作是否满足用户响应时间要求 。

①App 安装、卸载的响应时间。

②App 各类功能性操作的影响时间。

（3）压力测试。在反复/长期操作下,系统资源是否占用异常。

①App 反复进行安装卸载,查看系统资源是否正常。

②其他功能反复进行操作,查看系统资源是否正常。

（4）性能评估。评估典型用户应用场景下,系统资源的使用情况。

（5）Benchmark 测试（基线测试）。如与竞争产品的标杆学习、产品演变对比测试等。

9.1.6　交叉事件测试

App 的交叉事件测试是针对智能终端应用的服务等级划分方式及实时特性所提出的测试方法。交叉测试又称事件或冲突测试,是指一个功能正在执行过程中,同时另外一个事件或操作对该过程进行干扰的测试。例如,App 在前/后台运行状态时与来电、文件下载、音乐收听等关键应用的交互情况测试等。交叉事件测试非常重要,能发现很多应用中潜在的性能问题。

（1）多个 App 同时运行是否影响正常功能。

（2）App 运行时前/后台切换是否影响正常功能。

（3）App 运行时能否拨打/接听电话。

（4）App 运行时能否发送/接收信息。

（5）App 运行时能否发送/收取邮件。

（6）App 运行时能否切换网络（2G、3G、4G、Wi-Fi）。

（7）App 运行时能否浏览网络。

（8）App 运行时能否使用蓝牙传送/接收数据。

（9）App 运行时能否使用相机、计算器等手机自带设备。

9.1.7　兼容测试

App 的兼容测试主要测试内部和外部兼容性。

(1)与本地及主流 App 是否兼容。

(2)基于开发环境和生产环境的不同,检验在各种网络连接下(Wi-Fi、GSM、GPRS、EDGE、WCDMA、CDMA1x、CDMA2000、HSPDA 等),App 的数据和运行是否正确。

(3)与各种设备是否兼容,若有跨系统支持,则需要检验在各系统下各种行为是否一致。

①不同操作系统的兼容性是否适配。

②不同手机屏幕分辨率的兼容性。

③不同手机品牌的兼容性。

9.1.8　回归测试

App 的回归测试主要包括以下内容:

(1)Bug 修复后且在新版本发布后需要进行回归测试。

(2)交付前要进行全部用例的回归测试。

9.1.9　升级、更新测试

App 的升级、更新测试是在新版发布后,配合不同网络环境的自动更新提示及下载、安装、更新、启动、运行的验证测试。

(1)测试升级后的功能是否与需求说明一样。

(2)测试与升级模块相关模块的功能是否与需求一致。

(3)升级安装意外情况的测试(如死机、断电、重启)。

(4)升级界面的 UI 测试。

(5)不同操作系统间的升级测试。

9.1.10　用户体验测试

App 用户体验测试是以主观的普通消费者的角度去感知产品或服务的舒适、有用、易用和友好亲切程度。通过不同个体、独立空间和非经验的统计复用方式去有效评价产品的体验特性并提出修改意见,提升产品的潜在客户满意度。

(1)是否有空数据界面设计,引导用户去执行操作。

(2)是否滥用用户引导。

(3)是否有不可点击的效果,例如,你的按钮此时处于不可用状态,那么一定要将按钮置成灰色,或者拿掉按钮,否则会误导用户。

(4)菜单层次是否太深。

(5)交互流程分支是否太多。

(6)相关的选项是否离得很远。

(7)一次是否载入太多的数据。

(8)界面上按钮可点击范围是否适中。

（9）标签页是否跟内容没有从属关系，当切换标签时，内容也随之切换。

（10）操作应该有主次从属关系。

（11）是否定义 Back 的逻辑，涉及软硬件交互时，Back 键应具体定义。

（12）是否有横屏模式的设计，App 一般需要支持横屏模式，即自适应设计。

9.1.11　硬件环境测试

1. 手势操作测试

App 的硬件环境测试包括以下内容：

（1）手机开锁屏对运行中 App 的影响。

（2）切换网络对运行中 App 的影响。

（3）运行中的 App 前后台切换的影响。

（4）多个运行中 App 的切换。

（5）App 运行时关机。

（6）App 运行时重启系统。

（7）App 运行时充电。

（8）App 运行时关闭进程再打开。

2. 网络环境

手机的网络目前主要分为 2G、3G、4G 和 Wi-Fi。目前 2G 的网络相对于其他网络比较慢，测试时尤其要注意。

（1）无网络时，执行需要网络的操作，给予友好提示，确保程序不出现崩溃。

（2）内网测试时，要注意选择到外网操作时的异常情况处理。

（3）在网络信号不好时，检查功能状态是否正常，确保不因提交数据失败而造成崩溃。

（4）在网络信号不好时，检查数据是否会一直处于提交中的状态，有无超时限制。如遇数据交换失败，要给予提示。

（5）在网络信号不好时，执行操作后，在回调没有完成的情况下，退出本页面或者执行其他操作的情况，有无异常情况。此问题也会经常出现程序崩溃。

3. 服务器宕机或出现 404、502 等情况下的测试

后台服务牵涉 DNS、空间服务商的情况下会影响其稳定性，例如，当出现域名解析故障时，用户对后台 API 的请求很可能就会出现 404 错误，抛出异常。这时需要对异常进行正确的处理，否则可能会导致程序不能正常工作。

9.1.12　接口测试

服务器端一般会提供 JSON 格式的数据给客户端，因此在服务器端需要进行接口测试，确保服务器端提供的接口并转换的 JSON 内容正确，对分支、异常流有相应的返回值。此部分测试可以采用 iTest 框架进行测试。最方便的是采用 HttpClient 进行接口测试。

进行服务端测试时，需要开发人员提供一份接口文档。

9.1.13　客户端数据库测试

App 的客户端数据库测试包括以下内容：

（1）一般的增、删、改、查的测试。

（2）当表不存在时是否能自动创建，当数据库表被删除后能否再自建，数据是否还能自动从服务器端中获取并保存。

（3）在业务需要从服务器端取回数据保存到客户端时，客户端能否将数据保存到本地。

（4）当业务需要从客户端取数据，检查客户端数据存在时，App 数据是否能自动从客户端中取出，还是仍然会从服务器端获取？ 检查客户端数据不存在时，App 数据能否自动从服务器端获取到并保存到客户端。

（5）当业务对数据进行修改、删除后，客户端和服务器端是否会有相应的更新。

9.2　移动 App 测试工具 MonkeyRunner

9.2.1　MonkeyRunner 概念

MonkeyRunner 是 Android SDK 中自带的工具之一，此工具提供 API 可控制 Android 设备或模拟器。MonkeyRunner 提供了一个 API，使用此 API 写出的程序可以在 Android 代码之外控制 Android 设备和模拟器。通过 MonkeyRunner，用户可以写出一个 Python 程序去安装一个 Android 应用程序或测试包，运行它，向它发送模拟击键，截取它的用户界面图片，并将截图存储于工作站上。MonkeyRunner 工具用于测试功能/框架水平上的应用程序和设备，或运行单元测试套件。

9.2.2　MonkeyRunner 工具特性

1. 多设备控制

MonkeyRunner API 可以跨多个设备或模拟器实施测试套件。用户可以在同一时间接上所有设备或一次启动全部模拟器（或两者一起），依据程序依次连接，然后运行一个或多个测试。用户也可以用程序启动一个配置好的模拟器，运行一个或多个测试，然后关闭模拟器。

2. 功能测试

MonkeyRunner 可以为一个应用自动化功能进行测试，为用户提供按键或触摸事件的输入数值，然后观察输出结果的截屏。

3. 回归测试

MonkeyRunner 可以运行某个应用，并将其结果截屏与既定已知正确的结果截屏相比较，以此测试应用的稳定性。

4. 可扩展的自动化

由于 MonkeyRunner 是一个 API 工具包，用户可以基于 Python 模块和程序开发一整套系统，以此来控制 Android 设备。除了使用 MonkeyRunner API 之外，用户还可以使用标准的 Python OS 和 Subprocess 模块来调用如 ADB 这样的 Android 工具。

9.2.3　MonkeyRunner 工具同 Monkey 工具的区别

Monkey 工具直接运行在设备或模拟器的 ADB Shell 中,生成用户或系统的伪随机事件流。

MonkeyRunner 工具是在工作站上通过 API 定义的特定命令和事件控制设备或模拟器。

9.2.4　MonkeyRunner API

MonkeyRunner API 主要包括以下三个模块:

1. MonkeyRunner

这个类提供了用于连接 MonkeyRunner 软件和设备或模拟器的方法,还提供了用于创建用户界面显示方法。

2. MonkeyDevice

MonkeyDevice 代表一个设备或模拟器。这个类为安装和卸载包、开启 Activity、发送按键和触摸事件、运行测试包等提供了方法。

3. MonkeyImage

这个类提供了捕捉屏幕的方法。这个类为截图、将位图转换成各种格式、对比两个MonkeyImage 对象、将 Image 保存到文件等提供了方法。

引用导入 API:

from com. android. MonkeyRunner import <module>

运行 MonkeyRunner:

命令语法为

MonkeyRunner –plugin <plugin_jar> <program_filename> <program_options>

方式一:在 CMD 命令窗口直接运行 MonkeyRunner。

方式二:使用 Python 编写测试代码文件,在 CMD 中执行 MonkeyRunner Findyou. py。

不论使用哪种方式,用户都需要调用 SDK 目录下 tools 子目录下的 MonkeyRunner 命令。

注意:在运行 MonkeyRunner 之前必须先运行相应的模拟器或连接真机,否则MonkeyRunner 无法连接到设备。

运行模拟器有两种方法:①在 Eclipse 中执行模拟器;②在 CMD 中通过命令调用模拟器。

这里介绍通过命令在 CMD 中执行模拟器的方法,命令语法为

emulator –avd test

上面命令中 test 是指模拟器的名称。

9.2.5　使用模拟器测试 MonkeyRunner

(1)用 Elipse 打开 Andorid 的模拟器或者在 CMD 中用 Andorid 命令打开模拟器,如图9.1所示。

命令:C:\Users\Administrator>emulator –avd test1 (test1 是在模拟器的名称)

首先输入 cmd 命令,模拟器就会启动(这时如果一切正常,模拟器应该可以启动。运行

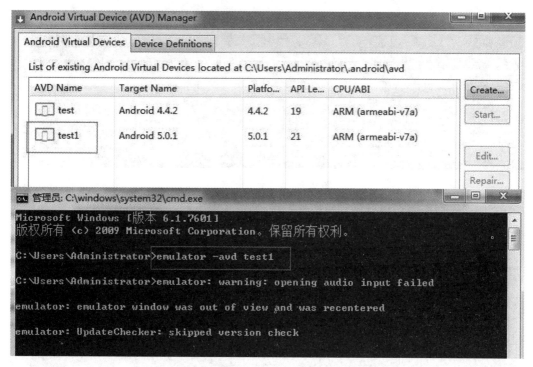

图 9.1　打开模拟器

MonkeyRunner 之前必须先运行相应的模拟器,否则 MonkeyRunner 无法连接设备)。

　　接着打开另一个 CMD 窗口(前一个不要关),还是定位到 tools 目录,输入命令"Mon-keyRunner",按回车键,将进入 shell 命令交互模式,如图 9.2 所示。

　　命令:C:\Users\Administrator>MonkeyRunner

图 9.2　进入 shell 命令交互模式

　　接下来就可以导入 MonkeyRunner 所要使用的模块,运行"From...import..."。

　　直接在 shell 命令中输入"from com. android. MonkeyRunner import MonkeyRunner, MonkeyDevice",按回车键,如图 9.3 所示。

　　命令:>>> from com. android. monkeyrunner import MonkeyRunner, MonkeyDevice

图9.3　导入使用的模块

这步完成之后,就可以开始和模拟器勾对,如图9.4所示。

命令:>>> device = MonkeyRunner. waitForConnection( )

图9.4　和模拟器勾对

如果没有报错,就代表和模拟器勾对成功,接下来就可以在里面装东西了。输入如下命令,并传入 apk 所在相对路径即可。成功返回 true,否则返回 fause,一般都是语法错误或者传入的相对路径有问题,应仔细检查。

将 apk 存在 E 盘根目录下,如图9.5所示。

命令:>>> device. installPackage("E: \ Haitao. apk")

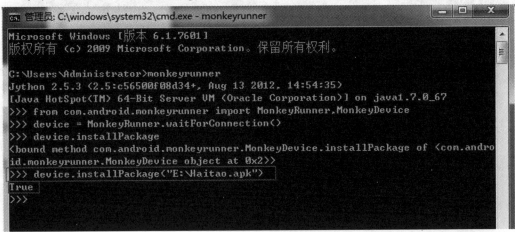

图9.5　安装 apk

接下来可以启动任意 activity,只要传入 package 和 activity 名称即可。

命令如下：

>>>device. startActivity(component = " com. example. android. apis/com. example. android. apis. Haitao ")

查看名称的相关指令如图 9.6 所示。

查看包名, versioncode, versionName 和查看获取 Activity 下 package 和入口 activity 名称：

win+R→cmd→命令: C:\Users\Administrator> aapt dump badging e:\Haitao. apk

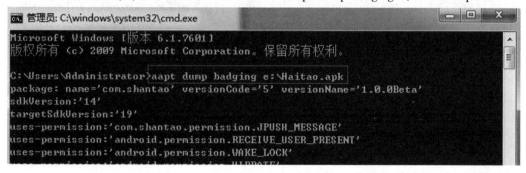

图 9.6　启动 activity

9.2.6　连接真机执行 MonkeyRunner 自动化测试

模拟器和真机有较大差距, 建议使用真机做 MonkeyRunner 自动化测试, 如果没有真机, 则自行安装虚拟模拟器。

首先检查设备是否已连接, 如图 9.7 所示。

(1) win+R→cmd→C:\Users\Administrator> adb devices。

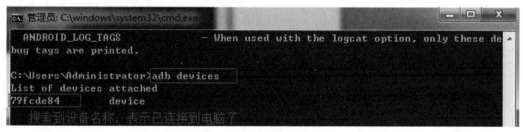

图 9.7　检查设备是否连接

(2) 连接成功后, 在 CMD 中输入 "adb shell"。

命令: C:\Users\Administrator>adb shell

进入到手机, 连接成功, 如图 9.8 所示。

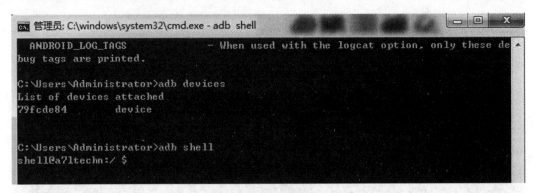

图 9.8　连接手机成功

习　　题

1. 移动 App 的特点是什么？

2. 测试 App 需要注意哪些方面？

3. 按 9.2 节完成 MonkeyRunner 实验并提交实验报告。

第二部分　软件质量保证

第 10 章 软件质量保证相关概念

计算机与软件的发展经历了 20 世纪五六十年代的简单编程,70 年代的结构化程序设计到 80 年代并且延续至今的面向对象程序设计。从时间上讲,人们应用软件解决实际问题的历史只有 60 多年。从计算机、软件所解决的问题来看,也从解决当初的各个学科领域的教授们提出的一些专业方面通常是比较简单的算法,到各个行业的工程师们为解决实际的工程项目的计算再到后来的 60 年代末的比较大的商业软件的需求,再到 90 年代至今的大型的、复杂的商业软件,总体趋势是,软件越来越大、越来越复杂,所能解决的问题越来越多,从而软件出现的缺陷与错误也越来越多。值得注意的是,早在 20 世纪 60 年代末就出现了所谓的“软件危机”。这使得后来的软件行业人员开始认真考虑软件开发流程,并开始了软件测试与软件质量保证方面的工作。人们逐渐认识到了软件质量保证与测试的重要性。

本章主要介绍软件质量保证的相关概念,而更加具体的软件质量保证方面的内容将在下一章介绍。

10.1 软件质量保证中的基本概念

1.质量的定义

韦氏英语大词典将质量定义为:“事物的本质特征,一种内在的或区别的性质、程度或优秀的等级(程度)。”美国传统词典定义为:“某事物的特征或属性。”

对质量其他的定义如下:

(1)符合客户需求即为质量。

(2)客户满意即为质量。

(3)质量意味着及时在预算内提交产品或者服务。

(4)质量意味着零缺陷。

(5)质量意味着适合使用。

一般来说,对于不同的评价人,质量的标准也不一样。这与质量评判人观察的视角有关。

对于软件产品,一般人们认为,质量意味着满足用户需求。我们关心的是软件产品或服务是否提供了客户所需要的功能,是否是客户所需要的,即是否“适合使用。”

2.产品及工作产品的定义

各行各业对产品的定义也是不同的。对于软件行业,计算机软件是产品,这是因为软件是由工程师设计和建造的。另外一个重要概念是工作产品的概念。从软件工程师的角度看,工作产品是由程序、数据和文档组成的软件,而从用户的角度看,工作产品是以某种方式使用户的工作或者生活环境变得更好的结果信息。软件工程的目的是提供一个高质量的软件构建框架。

3. 过程的定义

建立一个软件产品或系统,要经历一系列的可预测的按照时间顺序的步骤,要遵循有助于建立一个及时、高质量结果的路线图。软件管理和开发人员所遵循的这种路线图称为"软件过程"。

一个软件过程可以被定义为"建立高品质软件所需的任何一个框架"。

10.2　软件质量保证中的重要概念

1. 预防与检测的概念

在软件开发中,有两种方法可以避免提供带有错误的软件。第一种方法是首先要防止将错误引入软件,即预防(Prevention);第二种方法是当软件有错误时,试图发现潜伏在代码中的错误,寻找它们并修正错误,即检测(Detection)。测试则集中在检测出在软件设计与开发中出现的错误。

那么预防与检测这两个词在软件质量保证中的意义有何不同?又有什么联系呢?

预防方法为事先预防质量缺陷或不足,是产品和过程评价的质量管理的过程步骤。产品与过程应该能够被评价。如果一个过程是不可评价的,那么对其做质量控制是不可能的。怎样进行质量控制呢?可以使用检查点和里程碑进行过程评估。

软件质量的很大一部分来自于完好定义的系统与为了满足这些需求的设计解决方案。预防工作包括针对软件需求部分进行检查与评估,确保软件系统需求完整、表述清晰合理。

在软件质量保证中,预防是在预防问题,而检测与测试是在发现问题。检测与测试时软件错误已经存在,而软件质量保证中所说的预防则需要将错误扼杀在出现之前。预防降低了生产成本,原因是缺陷越早发现与纠正,其长远的成本就越低。预防具有最大的回报,越是重要的软件,越是要做好预防工作。

2. 用户需求与软件需求规格说明书

另外两个在软件开发与软件质量保证中常用的词是用户需求与软件需求规格说明书。这两个词是人们经常混淆的词,有必要进行准确、详细的说明。

用户需求是指用户使用自己的语言所叙述的功能。例如,某市旅游局要某公司为其设计与生产一款介绍该市旅游景点、人文、历史方面的软件。主管官员会提供一份文件,说明该款软件的主要功能,这就是用户需求。用户需求文件可能组织得并不好,功能方面可能叙述得比较凌乱,各种功能理解得不够周全。此时,软件开发团队可以参与讨论会,提示用户还有什么功能必须增加进来。

软件需求规格说明书(Software Requirements Specification,SRS):从用户的需求出发,翻译成带有技术术语的正式需求文档。软件需求规格说明书的编制是为使用户和软件开发者双方对该软件的初始规定有一个共同的理解,使之成为整个开发工作的基础,它包含硬件、功能、性能、输入输出接口、需求、警示信息、保密安全、数据与数据库、文档和法规的要求。

该说明书列出本文件中用到的专门术语定义和外文首字母组词的原词组,阐明编写这份软件需求规格说明书的目的是指出预期的读者。软件需求规格说明书的作用在于便于用户、开发人员进行理解和交流,反映出用户问题的结构,可以作为软件开发工作的基础和依据,并作为确认测试和验收的依据。

软件需求规格说明书应该包含,但是不限于以下内容。

背景说明:说明与该软件相关的背景材料,可以包括如下内容:

(1)待开发软件系统的名称。

(2)本项目的任务提出者、开发者、用户及实现该软件的计算中心或计算机网络。

(3)该软件系统同其他系统或其他机构基本相互来往关系。

参考资料:列出相关的参考资料,可以包含如下内容:

(1)本项目经核准的计划任务书或合同、上级机关的批文。

(2)属于本项目的其他已发表的文件。

(3)本文件中各处引用的文件、资料,包括所要用到的软件开发标准,列出这些文件资料的标题、文件编号、发表日期和出版单位,说明能够得到这些文件资料的来源。

叙述待开发软件的目的与详细的功能、性能需求,可以包含如下内容:

1 简介(Introduction)

  1.1 目的(Purpose)

  1.2 范围(Scope)

2 总体概述(General Description)

  2.1 软件概述(Software Perspective)

    2.1.1 项目介绍(About the Project)

    2.1.2 产品环境介绍(Environment of Product)

  2.2 软件功能(Software Function)

  2.3 用户特征(User Characteristics)

  2.4 假设和依赖关系(Assumptions & Dependencies)

3 需求建模(Requirements Modeling)

  3.1 建模工具(Modeling Tool 1)

4 具体需求(Specific Requirements)

  4.1 功能需求(Functional Requirements)

    4.1.1 功能需求1(Functional Requirements 1)

    4.1.2 功能需求2(Functional Requirements 2)

    4.1.3 功能需求3(Functional Requirements 3)

  4.2 性能需求(Performance Requirements)

    4.2.1 性能需求1(Performance Requirements 1)

    4.2.2 性能需求2(Performance Requirements 2)

  4.3 外部接口需求(External Interface Requirements)

    4.3.1 用户接口(User Interface)

    4.3.2 软件接口(Software Interface)

    4.3.3 硬件接口(Hardware Interface)

    4.3.4 通信接口(Communication Interface)

5 总体设计约束(Overall Design Constraints)

5.1 标准符合性（Standards Compliance）

5.2 硬件约束（Hardware Limitations）

5.3 技术限制（Technology Limitations）

6 软件质量特性（Software Quality Attributes）

7 依赖关系（Dependencies）

8 其他需求（Other Requirements）

8.1 数据库（Database）

8.2 操作（Operations）

8.3 本地化（Localization）

9 需求分级（Requirements Classification）

10 待确定问题（Issues To Be Determined）

11 附录（Appendix）

11.1 附录 A（Appendix A）可行性分析结果（Feasibility Analysis Results）

值得一提的是，用户需求偶尔也可能会被错误地解释。例如，生产一辆车，最大时速为每小时 200 千米；可能会被错误地翻译成每小时 200 英里。而众所周知，1 英里＝1.6 千米，因此，200 英里＝322 千米。可谓一字之差，谬之千里。这种错误发生的原因是美国使用英里，而欧洲的许多国家使用千米。

3. 验证与确认的概念

事实上，验证与确认是分别独立的过程，用于检查产品、服务或系统是否符合用户需求和软件需求规格说明书，并满足其预定的目的。它们是质量管理体系（如国际标准化组织 ISO 9000）的重要组成部分。验证和确认有时被冠以"独立"，说明验证是由公正的第三方进行的。独立验证和确认简称为 IV&V。

IEEE 标准 PMBOK 指南，对验证和确认定义如下：

验证是指对产品、服务或系统是否符合规定、要求、规范或规定的条件的评价，它通常是一个内部过程。确认是指确保产品、服务或系统满足顾客和其他利益相关者的需求，它通常包括接受、适用与外部客户。

验证的目的是检查产品、服务或系统（或其部分，或其设置）符合一组设计规范。在开发阶段，验证过程包括进行特殊的测试，模拟部分或全部产品、服务或系统，然后进行复查或分析的建模结果。在开发后期阶段，验证过程包括定期重复测试设计，以确保产品、服务或系统继续满足最初的设计要求、需求说明书以及相关的规则。验证是一个过程，是用来评估一个产品、服务或系统是否符合规定、软件说明书，或在一个发展阶段开始的时候施加的条件。

确认的目的是确保产品、服务或系统符合用户业务需求的产品、服务或系统。对于一个新的开发流程或确认流程，确认过程可能涉及建模流程，并使用模拟预测故障可能导致的无效或不完整的确认或开发的产品、服务或系统。

验证的总体目标是确保在软件生命周期中开发的每个阶段，软件产品符合如软件需求文档中所规定的客户的需求和目标。确认的总体目标是在软件开发生命周期结束时，即在软件开发全部完成之后，确认所开发的系统是否达到客户要求。

验证通常是在软件开发的每个阶段完成之后进行，而确认则在产品交付之前进行。

下面以使用 V 模型进行软件开发为例,说明验证的具体含义,如图 10.1 所示。

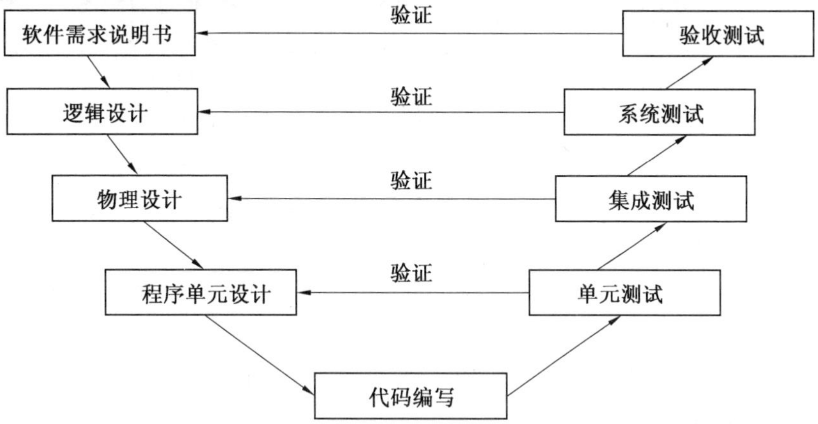

图 10.1 在 V 模型下验证的具体含义

在图 10.1 中,单元测试用于验证程序单元设计;集成测试用于验证物理设计;系统测试用于验证逻辑设计。上述 3 个验证都基于需求说明书。而验收测试的目的是验证软件是否符合需求说明书与用户需求。注意,软件需求说明书是用户需求的翻译,有的地方还可能存在错误。所生产的软件虽然符合软件需求说明书,但是不一定符合用户需求。在测试过程中,结合验证与确认是一个好的做法,但是却占用大量的时间。

很多人对英文的术语"Verification"和"Validation"的意义是混淆的。表 10.1 总结了这两个词在软件质量保证中的具体含义。

表 10.1 术语"Verification"和"Validation"的具体含义

评价方面	Verification	Validation
定义	评价在开发阶段的工作产品(不是最终产品),检查这些工作产品是否满足软件需求说明书的规定过程	评价在软件开发结束以后的最终软件产品,检查这些软件产品是否满足业务需求的过程
目的	确保产品按照需求说明书与设计说明书建造	确保产品按照用户需求建造。换言之,将产品配置到其运行环境中时,是否满足用户需求
问题	我们是否以正确的方式创建产品(符合软件说明书的产品)	我们是否创建了正确的产品,即令客户满意的产品
具体的评价事项	计划、软件需求说明书、设计说明书、代码及测试用例	实际的软件产品
活动	复查 走查、预演、演练 检查	测试

　　完全有一种可能,即一个产品通过了所有的验证,但是在确认的时候失败。为什么会发生这样的事情呢? 其原因是产品按照需求说明书建造,但需求说明书中未能正确地解决用户的需求,或者需求说明书本身就是错误的。因此,我们针对各个开发阶段的软件产品以及最终产品的态度是"要相信,但是还是要验证;要验证,但是还是要最终确认"。

　　【例 10.1】 验证和确认是不同的。考虑绕月飞行的嫦娥系列宇宙飞船控制系统,按照客户需求是能够保障宇宙飞船能够与地面站实时的通信,能够正确地接收地面站的指令;能够在预定轨道上安全飞行,当轨道不符合理论轨道时,利用飞船载动力系统进行轨道修正;当需要变轨时,要开启发动机进行轨道调整等。

　　在软件开发的各个阶段都可以按照需求说明书进行验证,然而,在地面环境无法进行最后的控制系统的确认。只有将软件部署在飞船的计算机上,并且将宇宙飞船发射之后,才能确认控制系统是否符合用户需求,如飞船能否按照地面的指令进行预期的变轨等。

4. 质量成本的概念

　　质量是有成本的,而且成本不便宜。质量的成本包括在追求质量或进行质量相关的活动中所产生的所有费用。

　　质量总成本由以下 4 个部分组成:
①预防成本。
②评估成本。
③内部缺陷(失败)成本。
④外部缺陷(失败)成本。

　　预防成本包括采取措施防止缺陷发生的如下活动所产生的费用:
①质量计划。
②正式的技术评审(正式技术复查)。
③测试设备。
④培训。

　　评估成本包括测量、评估和审核产品或服务是否符合标准和规范所产生的费用,它包含如下活动:
①检验与测试产品(产品检查与测试)。
②设备校准与维护。
③处理和报告检验数据。

　　内部缺陷成本是指客户收到产品前在修改缺陷产品中产生的成本,它包含如下工作:
①返工。
②修改。
③缺陷状态分析。

　　外部缺陷成本包括产品发布后发现的缺陷成本,即
①客户投诉解决方案。
②产品退货与更换。
③帮助支持。
④保修工作。
⑤未来业务的损失。

【例 10.2】 2012 年 6 月 22 日,都柏林 Ulster 银行的取款机软件缺陷导致一个女人在其银行账户余额为 0 的情况下,在几个小时内从都柏林的各个取款机中取了 57 000 欧元。这是典型的外部缺陷成本,修复这些缺陷是需要成本的。

缺陷修改的成本示意图如图 10.2 所示。

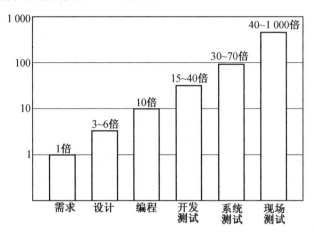

图 10.2　在软件开发各个阶段缺陷修改的成本示意图

10.3　关键型软件与其质量标准

10.3.1　软件质量

在当今的日常生活中,人们离不开软件,而对于大多数人来讲,只能接受某一种信息技术产品。其原因是人们没有办法找到另一个具有相同功能的替代产品(例如,MATLAB);其他类似产品更为昂贵;人们对所使用的产品已经非常熟悉,而改用替代产品需要较长时间的培训。

然而,对于一些特殊的软件来讲,人们并不能容忍软件缺陷,如银行系统。如果客户在银行中存入了 20 万元,但是一个星期以后变成了 2 万元,毫无疑问,客户会找银行打官司。这样的系统被称之为关键系统。

实际上,还有很多涉及财产保障以及生死存亡的关键系统,例如银行系统、金融系统、ATM 取款机系统、飞机上的机载导航系统、人造地球卫星导航信息系统、宇宙飞船控制系统、医疗设备内置的计算机组件、核反应堆控制软件及导弹控制软件等。

如果这些系统中存在不正确的功能,则会造成巨大的财产与生命损失。

下面列举一些著名的关键软件失败的例子:

【例 10.3】 1986 年,从医用 Therac 25 机接收致命剂量辐射后导致两位患者死亡。其原因是一个软件问题导致机器忽略了校准数据。

【例 10.4】 1990 年 1 月 15 日,美国发生了 9 小时全国电信关机,其原因是在 1 月初,ATT 在 114 个交换机上更新软件,在其升级版软件的一段 C 程序中存在一个放在错误位置的"break"语句而引起了以上的故障。

【例 10.5】　1994 年,银行界发生了当时最大的软件错误,某银行一晚上错误地扣除来自 100 000 多个计算机账户的 1 500 万美元。其原因来自于一个更新的计算机程序中的一行代码存在问题。这一行额外的代码使该银行 ATM 取款机上取款的扣款数额乘以 2,即如果客户支取 100 美元,则体现在客户的银行账号上的扣款额为 200 美元。

新增加的这一行代码的目的是在取款机上增加新功能,它将提款机的副本发送到一个不同的计算机系统(处理纸质支票的一个机器)上,该计算机在接到指令以后重复地把钱再扣一次。这一指令只在夜间运行,所以这个问题直到第二天上午才被发现。大约 430 张支票被错误地退回(当银行账号中的余额少于支票的票面钱数时,银行会将该支票退回给该支票的持有人)。大约有 15 万台 ATM 取款机发生交易错误。

【例 10.6】　1996 年 6 月 4 日,法国的阿丽亚娜 5 型火箭首飞失败,火箭在起飞 30 秒后失去导航与高度信息;40 秒时火箭启动自毁装置。其原因是阿丽亚娜 5 型火箭的惯性基准系统处理 64 位浮点数据,然后转换成 16 位有符号整数的值。数据转换的结果是对 16 位符号整数来讲太大了,导致硬件的算术溢出。欧洲太空局可以处理这个问题的软件程序已经被禁用,所以没有办法处理该问题,导致一个传感器返回一个意想不到的大数据,致使系统不知道该做什么了。

【例 10.7】　美国国税局系统现代化更新,花费 40 亿美元生产的软件没有投入使用就在 1997 年初宣布停止开发与维护。该项目彻底失败。

【例 10.8】　美国 NASA 火箭推进实验室斥资 3.276 亿美元建造的火星气候轨道器在 1998 年 12 月 11 日发射。1999 年的 9 月 23 日是该轨道器进入火星气候轨道的日子,但是该轨道器没能最后进入火星气候轨道。其原因是该系统开发者的两个团队使用了不同的单位制,一个团队使用了英制的磅每秒,而另外一个团队使用了公制的牛顿每秒,导致推进器动力比实际所需要的推进器动力增大了 4.45 倍,从而导致该火星气候轨道器未能进入预定轨道(角度错误),项目失败。

【例 10.9】　2000 年,法国公路发生交通事故。其原因是汽车制动系统软件发生故障,汽车制造商承担了责任。

【例 10.10】　2001 年 1 月,23 万台新的具有上网功能的手机用户报告说,他们的手机在访问某些网站后被冻结,当他们重新开机时所有存储的信息(包括地址、电子邮件、书签及备忘录)全部丢失。

10.3.2　关键型软件的分类

关键型软件可以分为以下几类:

(1)业务关键型软件:软件故障可能导致企业关闭,如银行交易系统。

(2)任务关键型软件:软件故障可能导致任务失败,如在火星上行走的"探路者"号火星车系统。

(3)安全关键型软件:软件故障可能会造成人员伤害、生命损失或重大环境损害,如飞机的自动导航控制系统。

安全关键型软件的风险通常是用安全工程的方法和工具来管理的。安全关键型软件系统的设计每 10 亿(10^9)操作小时的时间损失不超过一个生命。典型的概率风险评估方法结合了故障模式以及影响分析(FMEA)和故障树分析。

10.3.3　安全关键型软件的标准

安全关键型软件的标准有：

(1) RTCA/EUROCAE DO-178B 国际航电标准的安全关键软件。

(2) IEC 880,核电站软件标准。

(3) IEC61508/DEF STAN 00-55/56,欧洲安全标准。

(4) 基于交通工具的软件开发指南,安全标准的汽车工业软件可靠性协会。

(5) RTCA/EUROCAE DO-178B,航电软件开发的一个重要组成部分,可确定由嵌入式软件构成安全风险。

(6) DO-178B,提出 5 个等级的飞行器相关的潜在失败(故障)。

安全关键型软件的级别描述如下：

级别 A:是最关键的软件故障级别,该级别的软件故障将导致飞行器灾难性的故障条件。

级别 B:会导致或有助于飞行器的危险/严重的重大故障条件。

级别 C:会导致飞行器的主要故障状态。

级别 D:会导致飞行器的轻微故障状态。

级别 E:对飞行器没有任何影响。

AREVA NP 公司的软件程序手册(SPM)介绍了确保 TELEPERM XS 应用软件达到的质量水平与安全的重要性相称的措施,还介绍了如何正确执行 TELEPERM XS 所要求的安全功能和符合已建立的技术文件的要求、规范、规则和标准。所有与安全相关的 TELEPERM XS 应用程序都必须执行软件程序手册。

该软件程序手册包括以下几个基本的计划和做法：

软件质量保证计划(SQAP):描述必要的确保软件达到的质量水平与安全功能的重要性相称的过程。

软件安全计划(SSP):确定合理确保安全关键软件在所有异常情况和事件的过程中,按预期执行过程进行,并且不会引入任何新的可能危及公众的健康和安全危险。

一种软件验证和确认(V&V)的方案:描述了保证软件符合需求的方法。

软件配置管理计划(SCMP):描述怎样在任何时候,维护软件在可识别状态下方法。

该手册还包含了一个软件操作和维护计划,介绍了将软件交付给客户之后的相关做法。

这些计划是由 IEEE 标准的核管理委员会(NRC)背书支持的监管指南。例如,验证和确认计划需要按照 IEEE 1012-1998 标准所规定的格式和内容指导书写等。

第 11 章　软件质量保证的内容

本章给出软件产品质量和软件质量保证的定义,介绍软件质量度量模型、软件质量保证所包含的具体活动、软件质量控制、软件质量保证组织与软件配置管理等方面的内容。

11.1　软件产品质量与过程质量

当选择一件商品的时候,人们最关心的事情就是"质量",这是影响人们选择的一个很重要的指标。

质量这个词看似简单,其实很复杂。一个老年人花了 3 000 元买了台 iPhone 手机,结果使用起来觉得特别别扭,屏幕上的文字太小,那么多的功能也不会使用,因此他说这台手机质量不好。后来将此手机给了孙子,孙子花了 300 元给爷爷买了一台老人手机,只有打电话而没有上网的功能,屏幕文字比较大,铃声比较响。老人特别高兴,觉得这台手机质量比较好。

关于软件质量问题,一般来说,如果某款软件符合软件需求说明书,则我们就说该软件质量较高,否则称该软件有缺陷。比如你下载了一个电影播放器,它宣称可以支持 MP4、MOV、RMVB、AVI 格式,那么它必须能正确播放这些格式的文件。如果实现这样的基本功能出现了问题,那么用户会觉得质量太差,根本不能用,直接卸载或要求退货。

如果说明书上说的功能都实现了,那么它就是一款质量很好的产品了吗?实际上并非如此。为什么呢?举个笔记本电脑的例子,假如客户买了一台某品牌的笔记本电脑,各项指标可以和联想品牌媲美,但价格低了许多。回去后发现确实各项功能指标都满意(上面提到的基本功能实现了),但是有个问题,这台笔记本电脑噪声特别大,而且通电 20 分钟以后,机体温度可达 80 ℃。而如果只按照说明书所规定的要求进行测试,它可能是一件很合格的产品,具备了类似于联想品牌的所有功能,可以通过 QA 的测试。

笔记本电脑是很普通的一件商品,用户在一开始买的时候可能并不会关心噪声是否大(多少分贝),温度是否高(多少摄氏度)。然而这并不代表它没有这方面的标准,这种标准是"不言自明"的。这方面的要求有很多,如安全性、性能、稳定性等。也正因为这一类的要求是"不言自明"的,所以开发的时候反倒容易被忽视。比较好的做法是把这些方面的功能与性能需求明确地列出来,并尽可能地进行量化。比如前面例子中涉及的噪声和机体发热问题,如果在内部的设计文档中就有明确的要求,最终生产出来的产品就不会有这样的问题。

类似的问题是软件产品的异常处理方面的能力问题。例如,突然停电、硬件故障、操作系统故障、网络连接意外中断、系统资源(内存、硬盘、网络端口等)耗尽、用户的误操作等。通常情况下,这些情况还是会偶尔发生的。用户当然希望相关的软件有较好的异常处理能力。对于这一部分,不管是开发还是测试,开发者与测试者都应该考虑到,在测试过程中,也要尽量去验证。

其实质量还包含很多方面,比如易用性,这是很重要、但是也常常被忽视的一个方面。很多时候开发产品的人会觉得自己的产品很好用,但是用户却觉得不好用。因为用户不会花很多时间去研究这些产品,他们购买的是产品所提供的功能,就是要更有效和高效地完成工作。开发者不能单纯地责备用户文化水平低,而是要努力了解目标客户的习惯,在易用性方面努力达到用户的要求。

可维护性也是一个很重要的方面。维护所涉及的方面有很多,比如产品升级、功能升级、打补丁等。对于一个正式而长期使用的系统特别是服务器软件,这是很常见的工作。这些方面处理得好坏往往会影响用户对产品的判断和印象。常见的问题包括产品升级不能将原来版本的数据导过来或者数据出错;升级后不兼容或者对硬件要求很高;打补丁或者升级后遇到问题是否可以回退等。

软件产品的质量不仅包括产品需求说明书所包含的功能,还包含如上所述的隐含的方方面面。另外,软件质量还受到软件开发过程质量的影响,尤其是在大型的商业软件开发过程中更是如此。

本章将介绍软件质量、过程质量等内容。首先,按照软件行业的共识,软件质量至少包括产品质量与过程质量两个方面,如图 11.1 所示。

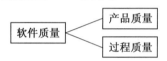

图 11.1 软件质量包含产品质量和过程质量

11.1.1 软件产品的质量定义

SW-CMM 对质量的定义是:①一个系统、组件或过程符合特定需求的程度;②一个系统、组件或过程符合客户或用户的要求或期望的程度。1983 年,ANSI/IEEE STD729 给出了软件质量的定义:软件质量是指软件产品满足规定的和隐含的与需求能力有关的全部特征和特性。它包括:

(1)软件产品质量满足用户需求的程度。

(2)软件各种属性的组合程度。

(3)用户对软件产品的综合反映程度。

(4)软件在使用过程中满足用户需求的程度。

11.1.2 软件质量度量模型

按照 ISO/TC97/SC7/WG3/1985-1-30/N382,软件质量度量模型由三层组成。高层称为软件质量需求评价准则(SQRC),中层称为软件质量设计评价准则(SQDC),低层称为软件质量度量评价(SQMC)。ISO 认为应对高层和中层建立国际标准,以便在国际范围内推广应用软件质量管理,而低层可由各使用单位自行制定。ISO 高层由 8 个要素组成,如图 11.2 所示。

高层的 8 个要素与中层的 23 个评价准则组成之间的关系如下:

正确性:可追溯性、完备性、一致性。

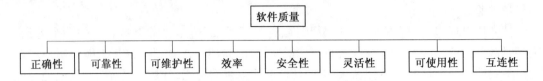

图 11.2　ISO 软件质量度量模型图高层的组成

可靠性：一致性、准确性、容错性/健壮性及简单性/复杂性。

可维护性：一致性、简单性/复杂性、简明性/可理解性、模块独立性、可扩充性、自检性/工具性及自描述性。

效率：执行效率及存储效率。

安全性：存取控制及存取审查。

灵活性：模块独立性、通用性、可扩充性、自描述性、软件系统独立性及机器独立性。

可使用性：操作性、可训练性/培训性及通信性。

互连性：通信共享性及数据共享性。

注意：多个高层要素可能对应同一个评价准则。

按 1991 年 ISO 发布的 ISO/IEC 9126 质量特性国际标准，SQRC 已降为 6 个。在这个标准中，3 个层次中第一层称为质量特性，第二层称为质量子特性，第三层称为度量。该标准定义了 6 个质量特性，即功能性（Functionality）、可靠性（Reliability）、可使用性（Usability）、效率（Efficiency）、可维护性（Maintainability）及可移植性（Portability）；并推荐 21 个子特性，如适合性、准确性、互用性、依从性、安全性、成熟性、容错性、可恢复性、可理解性、易学习性、操作性、时间特性、资源特性、可分析性、可变更性、稳定性、可测试性、适应性、可安装性、一致性和可替换性，但不作为标准。

上述定义表明，软件质量依赖于软件的内部特性及其组合。为了对软件质量进行度量，首先必须对影响软件质量的要素进行度量，并建立实用的软件质量度量体系和模型。在进行软件质量设计时，必须考虑利弊，全面权衡，根据质量需求，适当合理地选择/设计质量特性，并进行评价。

11.1.3　过程质量

图 11.3 给出了上述软件质量特性构成关系的一个扼要说明。软件质量是建立在用户需求基础上的，所以必须掌握好用户需求与开发过程中逐渐形成的质量特性之间的关系。一般反映到需求说明书上的用户需求都属于与功能及性能有关的运行特性，或与修改、变更及管理有关的维护特性。表 11.1 列出了用户需求与质量特性的关系。经过质量管理的软件开发过程也是逐步实现反映用户所要求的质量要求的质量特性的过程。

图 11.3　软件质量特性构成关系

图 11.3 中:

产品质量:包括需求说明书、设计书、源程序、测试数量与质量。

过程质量:包括开发技术、开发工具、开发人员及开发组织、开发设备。

动态质量:包括资源利用率、故障修复时间及平均故障时间间隔。

静态质量:包括模块化程度、简洁程度及完全程度。

表 11.1　用户需求与质量特性的关系

用户需求	需求质量的定义	质量特性
功能	能否在有一定错误的情况下也不停止运行? 软件故障发生的频率如何? 故障期间的系统可以保存吗? 使用方便吗?	完整性(Integrity) 可靠性(Reliability) 生存性(Survivability) 可用性(Usability)
性能	需要多少资源? 是否符合需求规格? 能否回避异常状况? 是否容易与其他系统连接?	效率性(Efficiency) 正确性(Correctness) 安全性(Safety) 互操作性(Inter-operability)
修改/变更	发现软件差错后是否容易修改? 功能扩充是否简单? 能否容易地变更使用中的软件? 移植到其他系统中是否正确运行? 可否在其他系统里再利用?	可维护性(Maintainability) 可扩充性(Expandability) 灵活性(Flexibility) 可移植性(Portability) 再利用性(Reusability)
管理	检验性能是否简单? 软件管理是否容易?	可检验性(Verifiability) 可管理性(Manageability)

过程的特殊性包括两个方面的含义:一是不同的产品有不同的实现过程,同一产品在不同组织的实现过程中也不会完全相同;二是过程的结果是产品,产品的固有特性在产品形成过程中获得,从而建立过程和产品固有特性之间的关系,即过程与产品质量的关系。因此,过程质量决定了产品质量组织控制过程,控制了产品的固有特性,也就控制了顾客的满意程度。

组织在策划、建立质量管理体系时,应该运用现代科技知识,依据获得的经验和过程规律识别自己的"过程"。这种识别包含认识、确定、比较、分析、优化等活动。然后以识别为基础研究过程的控制。一般来说,确定过程的目标、输入、输出、资源、活动的顺序与职责,过程控制方法和途径,过程监视、测量,过程的效果及其改进等都是过程控制的活动内容。这些活动的结果应该使过程受控,并有效地实现所策划的过程结果。

11.2　软件质量保证的组成

软件质量保证(Software Quality Assurance,SQA)是建立一套有计划、有系统的方法,来向管理层保证拟定出的标准、步骤、实践和方法能够正确地被所有项目所采用。软件质量保证的目的是使软件过程对于管理人员来说是可见的,它通过对软件产品和活动进行评审及审计来验证软件是合乎标准的。软件质量保证组在项目开始时就一起参与建立计划、标准和过程。这些将使软件项目满足机构方针的要求。

软件质量保证的基本目标:

目标 1:软件质量保证工作是有计划进行的。

目标 2:客观地验证软件项目产品和工作是否遵循恰当的标准、步骤和需求。

目标 3:将软件质量保证工作及结果通知给相关组别和个人。

目标 4:高级管理层接触到在项目内部不能解决的不符合类问题。

目标 5:软件质量需要全面的测试工作来保证。

11.2.1　软件质量保证的定义

软件质量保证的一个正式定义是"为整个软件产品的适用性提供证据的系统性的活动"。

软件质量保证是用于监控与控制一个软件项目的活动和功能的集合,其目的是以所期望的水平的信心取得特定的目标。

1.何时做软件质量保证

软件质量保证是一种应用于整个软件开发过程的保护伞活动,参与软件质量保证的组织和人员,如图 11.4 所示。

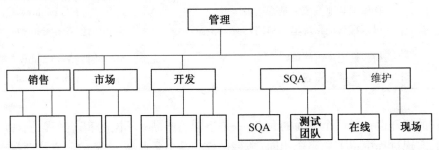

图 11.4　软件公司管理组织

软件质量保证由许多不同的任务组成。这些任务与以下两个不同的组织相关联:

(1)做技术工作的软件工程师。

(2)软件质量保证组,该组负责做以下工作。

①制订质量保证计划。

②负责监督。

③保存记录。

④负责分析。

⑤负责报告。

2.软件质量保证要怎样做

软件质量保证的基础是什么? 软件质量保证如何可以实现质量保证的目标?

软件质量保证的目标通常是通过以下的软件质量保证计划而取得的,软件质量保证建立了质量控制的指导方针(细则),以确保软件的完整性与长寿性。

SQA 计划说明项目所采取的方法,以确保该项目将采用保证文件或产品制作和审查在每个里程碑都是高质量的,如图 11.5 所示。

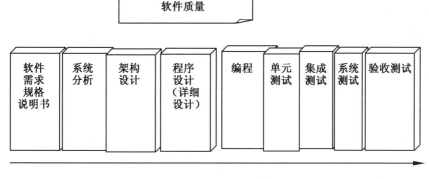

图 11.5　SQA 计划与里程碑

3. SQA 计划模板

一个 SQA 计划模板包含如下内容:

(1)目的。

(2)参考文档。

①软件需求规格说明书。

②通用项目计划(项目计划)。

③通用软件测试计划(软件测试计划)。

④软件配置管理计划(软件计划管理计划)。

(3)管理。

①组织结构。

②任务和职责(任务与责任)。

a. 项目负责人(软件工程师)。

b. 软件开发组。

(4)测试分委员会。

①软件需求规格说明书。

②系统用户指南。

③安装指南。

④测试结果总结。

⑤软件单元文件。

a. 初步设计文档。

b. 详细设计文档。

c. 其他文档。

d. 软件翻译单位。

(5)标准、实践和惯例。

①检查与复查。

②软件配置管理。

③问题报告和纠正措施。

④工具、技术和方法。

⑤代码控制。

⑥媒体控制。

⑦供应商控制。

⑧记录收集：维护和保留。

⑨测试方法学。

大多数的软件质量保证活动可以分为：

（1）测试。

（2）软件配置管理。

（3）质量控制。

成功的软件质量保证项目还取决于以下连贯的集合：

（1）标准。

（2）过程。

（3）约定。

（4）规格（细则）。

11.2.2　SQA 的组成

软件质量保证由软件测试、质量控制与软件配置管理 3 部分组成，如图 11.6 所示。

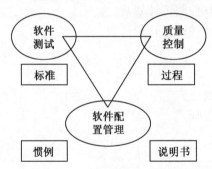

图 11.6　SQA 的组成部分

软件测试是一种流行的风险管理策略，对功能需求进行验证。软件测试的局限性：当测试发生的时候，"将质量建设到产品中"，即建造高质量的产品，已经为时已晚。测试只和"测试用例"一样好，在测试过程中并不能发现所有的缺陷。

质量控制被定义为：监控工作和观察需求是否达到的过程与方法。对于软件产品，质量控制通常包括：

①需求复查。

②代码与文档检查。

检查交送用户的分阶段产品（Checks for User Deliverables）。

软件配置管理指在软件开发过程中，管理项目团队所开发的计算机程序演变的技术。配置管理对产品进行标识、存储和控制，以确保软件开发产品的完整性和可追溯性。

11.3　软件质量控制

在国内软件业开始诞生和起步的时候,软件企业急于赚钱,急于将软件产品投放市场,或者急于交付软件产品给客户,从而忽略了质量管理。大部分的软件企业没有设置专门的测试组织和招聘专职的测试人员。软件产品的质量完全依赖于程序设计和编写者的技术水平和工作效果,其结果是使得软件产品的质量水平低下。

虽然国内一些软件企业在 2000 年左右开始建立内部的测试小组,但仍然只起到了"事后检验"(即在已集成的版本上进行的一些基于用户操作层面上的测试和检验)的功能,大部分产品质量缺陷仍然无法及时和较全面地被发现和解决,更不用说"预防缺陷"。

即使这种具有"事后检验"功能的测试小组被建立,但由于没有必要的支持以及人力资源投入严重不足,导致测试小组在软件质量上的贡献和业绩表现并不佳,同时由于对产品质量缺乏全面的理解,仅仅建立一个测试小组对产品质量的提升很有限。

随着中国加入 WTO 的发展步伐,国内涌现出越来越多的软件企业,其中以外包企业为主,外包软件开发公司一般都需要取得一定的资质认证才能够接到来自国外的委托项目,其中以 CMMI 认证为主。国内软件行业即将迎来一个新的发展时期——规范与规模化。

11.3.1　软件质量控制的内容

在一个特定的软件开发项目中,软件质量控制计划与控制软件质量为开发团队提供具体组织和实施方面的指导。软件质量控制包括如下 3 个方面的内容。

1. 产品

应明确指出的是,在质量控制中,一个过程的输出产品不会比输入产品质量更高。如果输入产品有缺陷,那么这些缺陷不仅不会在后续产品中自动消失,甚至它对后续阶段产品的影响将成倍放大。当发现产品的质量与预想的有很大差别时,要反馈到前面的过程并采取纠正措施。这是产品的一个重要特性,也是软件质量控制的关键要素之一。

2. 过程

过程可以分为技术过程与管理过程。在质量控制中,技术过程是进行质量设计并将质量构造入产品,而管理过程则是对质量进行检查。因此,不管是管理过程还是技术过程,都对软件质量有着直接而重要的影响。

过程对质量的影响,通常包括以下几类:

(1)通过开发过程设计并进入产品化的同时也会引入缺陷。

(2)在产品中已经获得的质量,是通过检查与测试过程来验证和确认的。

(3)一个过程所涉及的组织或者部门的数目以及它们之间的关系,将影响引入差错的概率,也影响发现并纠正差错的概率。组织或者部门的数目越多,技术接口、沟通就会越复杂,更容易产生不一致及差错,不同组织或者部门所具有的独立性及权力也不一样,导致在开发过程中贯彻标准的力度不同。

3. 资源

资源指为了得到要求质量的软件产品过程中所使用的时间、资金、人和设备。资源的数量和质量通常以下列方式影响软件产品及其质量。

（1）人力资源是整个软件开发生命周期中对软件质量及生产效率最重要的影响因素。软件是人脑智慧型产品，因此，人是决定的因素。还要注意到软件开发人员的知识、能力、经验和判断相差很大。

（2）时间在一般情况下都是不够充分的，特别是软件需求分析和集成测试阶段表现得较为明显。

（3）软件开发环境和测试设备的不足可能会提高差错发生率，同时发现并纠正差错所需要的时间也将增加。例如，编译环境不稳定，人们很难在这种情况下集中力量开发和软件测试，由此导致开发时间与成本的增加和质量的降低，这是经常发生的。

11.3.2　软件开发项目的质量控制

J. M. Juran 认为质量控制是一个常规的过程，通过它度量实际的质量性能并与标准比较，当出现差异时采取行动。由此，Donald Reifer 给出软件质量控制的定义：软件质量控制是一系列验证活动，在软件开发过程中任何一个节点进行评估开发的产品是否在技术上符合该阶段制订的规约。

11.3.3　软件缺陷分析

1. 软件缺陷的定义

在 IEEE 1983 of IEEE Standard 729 中给出了软件缺陷的标准定义：从产品内部看，软件缺陷是软件产品开发或维护过程中所存在的错误、毛病等各种问题；从外部看，软件缺陷是系统所需要实现的某种功能的失效或违背。

软件缺陷是一个更广的概念，而软件错误属于缺陷的一种，即内部缺陷，往往是软件本身的问题，如程序的算法错误、语法错误或数据计算不正确、数据溢出等。软件错误往往导致系统某项功能的失效，或成为系统使用的故障。软件的故障、失效是指软件所提供给用户的功能或服务，不能达到用户的需求或没有达到事先设计的指标，在功能使用时中断，最后的结果或得到的结果是不正确的。

2. 软件缺陷产生的原因

软件缺陷的产生主要是由软件产品的特点和开发过程决定的，如软件的需求经常不够明确，而且需求变化频繁，开发人员不太了解软件需求，不清楚应该"做什么"和"不做什么"，常常做不合需求的事情，产生的问题最多。同时，使用新的技术也容易产生问题。

从软件自身特点、团队工作和项目管理等多个方面进一步分析，就比较容易确定造成软件缺陷的一些原因，归纳如下：

（1）软件自身特点造成的问题。

①需求不清晰，导致设计目标偏离客户的需求，从而引起功能或产品特性上的缺陷。系统结构非常复杂，而又无法设计成一个很好的层次结构或组件结构，结果导致意想不到的问题或系统维护、扩充上的困难；即使设计成良好的面向对象的系统，由于对象、类太多，很难完成对各种对象、类相互作用的组合测试，而隐藏着一些参数传递、方法调用和对象状态变化等方面问题。

②新技术的采用,可能涉及技术或系统兼容的问题,事先没有考虑到。

③对程序逻辑路径或数据范围的边界考虑不够周全,容易在边界条件出错或超过系统运行环境的复杂度。

④系统运行环境复杂,不仅用户使用的计算机环境千变万化,包括用户的各种操作方式或各种不同的输入数据,容易引起一些特定用户环境下的问题;在系统实际应用中,数据量很大,可能会引起强度或负载问题。

⑤对一些实时应用系统,要进行精心设计和技术处理,保证精确的时间同步,否则容易引起时间上不协调或不一致性所带来的问题。

⑥没有考虑系统崩溃后系统的自我恢复或数据的异地备份等问题,从而存在系统安全性、可靠性的隐患。

⑦由于通信端口多、存取和加密手段的矛盾性等,会造成系统的安全性或适用型等问题。

(2)软件项目管理的问题。

①缺乏质量文化,不重视质量计划,对质量、资源、任务、成本等的平衡性把握不好,容易挤掉需求分析、评审、测试等时间,遗留的缺陷会比较多。

②系统分析时对客户的需求不是十分清楚,或者和用户的沟通存在一些困难。

③开发周期短,需求分析、设计、编程、测试等各项工作不能完全按照定义好的流程来执行。

④开发流程不够完善,存在太多的随机性和缺乏严谨的内审或评审机制,容易产生问题。

⑤文档不完善、风险估计不足等。

(3)团队工作的问题。

①不同阶段的开发人员相互理解不一致,软件设计人员对需求分析结果的理解偏差,编程人员对系统设计规格说明书中某些内容重视不够,或存在误解。

②设计或编程上的一些假定或依赖性,没有得到充分的沟通。

③项目组成员技术水平参差不齐,新员工较多或培训不够等原因也容易引起问题。

软件缺陷是由很多原因造成的,但如果把这些缺陷按整个软件开发周期的结果———软件产品(市场需求文档、规格说明书、系统设计文档、程序代码、测试用例等) 归类起来,统计结果发现,规格说明书是软件缺陷出现最多的地方。

软件产品规格说明书是软件缺陷存在最多的地方,主要原因如下:

①用户一般是非计算机专业人员,软件开发人员和用户的沟通存在较大困难,对要开发的产品功能理解不一致。

②由于软件产品还没有设计、开发,完全靠想象去描述系统的实现结果,因此有些特性还不够清晰。

③用户的需求总是在不断变化的,容易引起前后文、上下文的矛盾和需求描述的不一致。

④需求分析没有得到足够重视。在规格说明书设计和写作上投入的人力、时间不足。排在产品规格说明书之后的应是设计,编程应排在第三位。在许多人印象中,软件测试主要是找程序代码中的错误。从系统分析的角度看,这是一个误区。

如果从软件开发各个阶段所能发现的软件缺陷分布来看,也主要集中在需求分析、系统设计阶段,代码阶段的错误要比前两个阶段少。

11.3.4 分析及应对措施

1. 定义合适的项目过程

软件过程是指开发和维护软件产品的活动、技术和实践的集合。在以计算机网络为基础的现代社会信息化背景下,过程管理作为现代企业管理的先进思想和有效工具,随着外部环境与组织模式的变化而变化。因此,作为一个好的软件项目过程,必须针对企业和项目的实际情况确定软件项目运作流程,定义软件功能及相关性能,明确各阶段的进入条件和退出条件,进行有效的过程控制与管理,在提高软件开发效率和项目成功率的基础上进一步保证所开发软件的质量。

2. 明确项目需求

对于任何软件项目过程而言,需求不仅是一个不可避免的环节,还是软件开发的基础。往往用户需求明确、变更少的项目的成功率就高,而那些用户需求混乱、变更频繁的项目几乎从一开始就注定了失败的命运。但是在现实生活中,用户需求总是在开发进入中后期时,因为各种不同的原因而发生变化,这就给软件项目过程实施带来不确定因素。在开发项目中,由于前期需求不明确以及随意变更需求,导致项目组在开发阶段不停地返工,进而造成代码质量低下、测试拖期等一系列问题。因此,在项目实施过程中,为了保证软件开发的顺利进行和最后交付的产品质量,应该对项目需求变更进行管理。

(1)需求说明书要描述明确、详尽。由于与用户沟通的需求人员并不是最后的开发人员,所以有可能导致开发人员对需求说明书的理解与用户真正的意图会产生一定的偏差;另外,当项目在进行到开发(编码)阶段时,由于记忆的缺失,对当初所做的需求说明书的理解也会产生偏差。

(2)要对需求变更进行管理。通常需求分析完成后项目就进入开发阶段,用户可能会因为市场或策略的变化而提出需求变更的要求。此时,若是合理变更则有利于项目实施,但有时所做的变更可能会影响项目整体的设计和开发,造成项目进度的延期。对于这一情况,项目组应该积极与用户沟通,制订需求变更说明书,在双方都认可的情况下方可实施。

(3)在项目开发过程中要尽早明确用户需求,有些内容一时无法确定则应该暂缓该部分的开发,尽量降低因需求变更而带来的风险。

3. 代码走查

软件质量在很大程度上依赖于代码质量。在实际环境中对于同一项目而言,由于项目组成员的编程能力、习惯、风格、对需求的理解和个性的不同,所开发的代码质量也不尽相同。再加上一些难以预测的人为因素,由此带来的隐患将严重影响代码质量,最终造成软件质量低下,使得用户无法正常使用并为以后的维护带来更大的工作量和难度。

在软件开发过程中可以根据需要引进代码走查。每周在规定的时间内,轮流让程序员讲解其所开发代码的主要部分。这项措施一方面可以从侧面促使程序员本人注意所开发代码的质量,另一方面在走查过程中可以获得他人的意见进一步改善代码效率,使开发成员共享项目实施过程中问题解决的思路和方法,使得软件质量更有保障。

4. 进行正式测试,并形成测试就是对软件产品的检验制度

项目测试分为集成测试和系统测试,主要进行功能测试、健壮性测试、性能-效率测试、用户界面测试、安全性测试、压力测试、可靠性测试、安装/反安装测试等活动。测试过程通常在模拟环境中进行。要尽可能覆盖整个项目过程,从最初的需求到部署阶段,都应该制订详细的计划并编制相应的文档,如测试计划、测试用例文档、测试报告等。通过测试活动,尽可能早地发现每个阶段中软件存在的缺陷,以方便后续阶段的实施。总之,一切测试应该符合用户需求。

11.4　软件配置管理

1. 软件配置管理的定义

软件配置管理(Software Configuration Management,SCM)是一种标识、组织和控制修改的技术。软件配置管理应用于整个软件工程过程。在软件创建过程中,变更是经常发生的事情,而如果没有 SCM,则变更会导致项目中软件开发者之间的混乱。有了 SCM 活动,则可有效地标识变更、控制变更、确保变更得以正确实现并向其他与项目有关的人员报告变更。SCM 的目的是使错误降为最小并最有效地提高生产效率。

SCM 界定软件的组成项目,对每个项目的变更进行管控(版本控制),并且维护不同项目之间的版本关联,使得软件在开发过程中任一时间的内容都可以被追溯到。

SCM 活动伴随着整个软件开发的生命周期,为软件开发全过程提供了一套有效的管理办法和活动原则。SCM 包括以下 3 方面内容:

①版本控制。

②变更控制。

③过程支持。

SCM 的关键活动包括配置项、工作空间管理、版本控制、变更控制、状态报告、配置审计等。

SCM 的基本目标包括:

目标 1:软件配置管理的各项工作是有计划进行的。

目标 2:被选择的项目产品得到识别、控制并且可以被相关人员获取。

目标 3:已识别出的项目产品的更改得到控制。

目标 4:使相关组别和个人及时了解软件基准的状态与内容。

技术部门经理和具体项目主管应该尊重软件配置管理的工作过程。施行 SCM 的职责应被明确分配。企业应该对相关人员进行 SCM 方面的培训。技术部门经理和具体项目主管应该明确他们在相关项目中所担负的软件配置管理方面的责任。SCM 应该针对对外交付的软件产品版本以及那些被选定的在项目中使用的支持类工具等实施。

具体地说,软件配置管理是一门适用于以下活动领域的管理过程:①软件开发;②文档控制;③问题跟踪;④变更控制;⑤软件维护。

2. 软件配置管理的目的

软件配置管理的目的是:确认软件的所有相互联系的组件并且控制这些组件在不同的

生命周期阶段的演化。

软件配置管理包含如图 11.7 所示的 4 个主要元素。

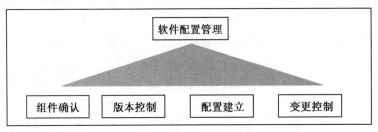

图 11.7　软件配置管理元素

（1）组件确认。

在软件开发阶段的每个节点,软件组件构成一个可交付成果,组件确认是一种基本的软件配置管理活动。软件组件通常经过一系列的更改,为了管理开发过程,必须建立方法和名称标准,以便唯一确定每个修订。例如,版本号从 2.9 到 3.1 的过渡暗示了一个新的外部版本 3.0 已经发生。

（2）版本控制。

随着时间的推移,一个应用程序也在进化,许多新的功能被增加进来。因此,该应用软件的许多不同版本的软件组件被创建,需要一个有组织的过程来管理软件组件的变化和它们之间的关系。

用于控制版本的软件配置管理工具产生一个 SCM 库,这样版本控制提供了每次软件变更的可追寻的历史记录,包括谁做了什么改变、改变原因、何时做的改变等。

（3）配置建立。

要建立一个软件配置,需要确定正确的组件版本并执行组件构建程序,通常被称为“配置建立”。配置建立模型定义了如何以可以控制的方式将软件组件组织在一起,如图 11.8 所示。

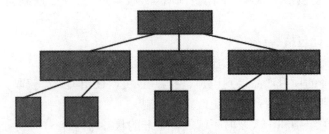

图 11.8　组件的组织结构

（4）变更控制。

变更控制是用于控制软件改变(变更)的决策过程。在这个过程中,一个软件组件的修改要经历如下步骤:

①提出修改的具体建议。

②评估。

③批准或否决。

④计划。

⑤跟踪。

需要注意的是,变更或修改可能引入一些新的错误。我们是否应该将修改后的组件立即整合到系统中? 不是的。

当一个软件组件被改变时,它永远应该是首先被复查和冻结(防止进一步的修改)的,然后在条件成熟的时候以一个新版本的方式发布出去。例如,版本 j2sdk1.3 经过了较长一段时间的修改、复查、测试等过程,然后在合适的时机发布版本 j2sdk1.4,而不是在 j2sdk1.3 中逐渐增加新功能。也就是说,当软件的旧版本已经发布出去了,要想增加新的功能只能等待在新的版本中出现,而不是在旧的版本中逐渐增加新的功能。一个好的软件,应该高版本兼容低版本。

软件配置管理(SCM)的一个关键的角色是变更控制,SCM 回答谁、何时以及为什么做出了改变? 谁对软件有什么变化? 对软件做了哪些改变? 什么时候做的这些改变? 为什么要做这样的改变?

为了清楚地记录这些事项,可以使用如图 11.9 所示的变更申请表格格式。

Change Request Form
Report Number:＿＿＿＿＿＿ Change Request No:＿＿＿＿＿＿
System Affected:
Subsystem Affected:
Documentation Affected:
Problem Statement:
Action Required:

图 11.9　变更申请表格格式

从该表格中可以看出,以上提出的问题得到了回答。该表格所述的变更内容如果获得批准,则此表格将被保存,以利于从侧面追踪软件的变更情况。

在软件开发的早期,即 20 世纪的 50 年代至 70 年代,软件的规模比较小,因此还没有想到要进行软件配置管理;进入 90 年代以后,软件的规模变得越来越大,参与同一个项目的软件开发团队以及每个团队的人数也在增加,因此,如果不进行有效的软件配置管理,则下列任何坏事都可能发生:

①找不到最新版本源代码。

②花了很大的成本已经修改了的缺陷又重新出现了。

③已经开发并且通过充分测试的新功能突然神秘地失踪了。

④一个经过充分测试的程序突然不工作。

⑤测试团队费时费力地对程序进行了测试,然后发现被测程序的版本错了,即测试了错误的版本。

⑥软件需求、文档和代码之间没有可追溯性。

⑦程序员在为错误的软件版本编写代码。

⑧使用了错误版本的数据库。

⑨没人知道哪些模块组成了交付给客户的软件系统。

3. 软件配置管理常用工具软件

常用的软件配置管理工具有 Rational ClearCase、Perforce、CA CCC/Havest、Merant PVCS、Microsoft VSS 及 CVS。常用的开源免费的软件配置管理工具有 SVN、GIT 及 CVS。

4. 软件配置管理相关职责

对于任何一个管理流程来说,要保证该流程正确有效地运转,就要定义明确的角色、职责和权限。特别是在引入了软件配置管理的工具之后,比较理想的状态就是:组织内的所有人员按照不同角色的要求,根据系统赋予的权限来执行相应的动作。软件配置管理过程中主要涉及以下角色和分工:

(1)项目经理(Project Manager,PM)。项目经理是整个软件研发活动的负责人,他根据软件配置控制委员会的建议批准配置管理的各项活动并控制它们的进程。其具体职责如下:

①制订和修改项目的组织结构和配置管理策略。

②批准、发布配置管理计划。

③决定项目起始基线和开发里程碑。

④接受并审阅配置控制委员会的报告。

(2)配置控制委员会(Configuration Control Board,CCB)。配置控制委员会负责指导和控制配置管理的各项具体活动的进行,为项目经理的决策提供建议。其具体职责如下:

①定制开发子系统。

②定制访问控制。

③制订常用策略。

④建立、更改基线的设置,审核变更申请。

⑤根据配置管理员的报告决定相应的对策。

(3)配置管理员(Configuration Management Officer,CMO)。配置管理员的职责是根据配置管理计划执行各项管理任务,定期向 CCB 提交报告,并列席 CCB 的例会。其具体职责如下:

①软件配置管理工具的日常管理与维护。

②提交配置管理计划。

③各配置项的管理与维护。

④执行版本控制和变更控制方案。

⑤完成配置审计并提交报告。

⑥对开发人员进行相关的培训。

⑦识别软件开发过程中存在的问题并拟定解决方案。

(4)系统集成员(System Integration Officer,SIO)。系统集成员负责生成和管理项目的内部和外部发布版本。其具体职责如下:

①集成修改。

②构建系统。

③完成对版本的日常维护。

④建立外部发布版本。

（5）开发人员（Developer，DEV）。开发人员的职责就是根据组织内确定的软件配置管理计划和相关规定，按照软件配置管理工具的使用模型来完成开发任务。

5. SCM 过程概述

一个软件研发项目一般可以划分为 3 个阶段，即计划阶段、开发阶段和维护阶段。然而从软件配置管理的角度来看，后两个阶段所涉及的活动是一致的，所以通常把它们合二为一，称为"项目开发和维护"阶段。

（1）软件配置管理计划。

在一个项目设立之初，项目经理首先需要制订整个项目的 SCM 人员，如成立配置控制委员会、任命配置管理员等。在计划阶段，根据项目计划制订软件配置管理计划。也就是说，软件配置管理活动就此展开，否则，软件配置管理的许多关键活动就无法及时有效地进行。及时制订一份软件配置管理计划，在一定程度上是项目成功的重要保证。

（2）开发维护阶段软件配置管理的活动。

这一阶段是项目研发的主要阶段。此阶段中的软件配置管理活动主要分为 3 个层面：

①主要由 CMO 完成的管理和维护工作。

②由 SIO 和 DEV 具体执行软件配置管理策略。

③变更流程。

这 3 个层面是彼此之间既独立又互相联系的有机的整体。

在软件配置管理过程中，它的核心流程应该是这样的：

①CCB 设定研发活动的初始基线。

②CMO 根据软件配置管理规划设立配置库和工作空间，为执行软件配置管理计划做好准备。

③开发人员按照统一的软件配置管理策略，根据获得的授权资源进行项目的研发工作。

④SIO 按照项目的进度集成组内开发人员的工作成果，并构建系统，推进版本的演进。

⑤CCB 根据项目的进展情况，审核各种变更请求，并适时地划定新的基线，保证开发和维护工作的有序进行。

这个流程如此往复循环，直到项目结束。

第 12 章　软件质量保证团队与计划

经过多年的软件开发成功与失败的经历,软件开发行业逐渐认识到,软件质量保证是成功的软件生产必不可少的重要条件。然而,涉及具体的软件开发公司,软件质量保证的区别确实很大。有的公司的 QA 工作有偏向于测试的,也有偏向于过程改进的;有的小公司甚至没有专门设立测试组,软件开发组的人自己负责软件测试;也有的一些公司有软件测试组,但是该组的责任仅限于软件测试。最好的软件公司的 QA 工作既包括软件测试又包括过程改进。软件测试组是 QA 团队的一部分,而 QA 团队的主要工作是针对软件开发过程及产品进行稽核,主要检查项目组的成员是否按制订的过程开展工作并输出相关的产品,产品是否满足要求。

QA 的重点是发现过程中的质量问题,寻求改进方法和优化流程,避免以后犯同类错误。好的 QA 团队应该是由资深的软件设计与开发高手组成。

好的 QA 团队的测试组,除了进行功能测试外,还要做性能测试和安全测试,要了解被测对象上线后面对的环境。比如,系统最大并发用户数、数据库读操作频度、写操作频度中哪些会成为瓶颈,系统是如何优化和做负载均衡的,排队和缓冲是如何设计的,出现冲突的优先策略是什么,系统安全级别是什么,数据传输是否要加密,数据库存储的是明文还是加密之后的数据,是否涉及防火墙、入侵检测、VPN、U 盾等软硬件安全防护措施等。所以,软件质量保证是一个很全面的工种,需要既懂技术又懂管理的专业人员才能做好。

另外,QA 要按照既定的伴随着软件开发流程的软件质量保证计划进行,而不应该是一个"救火"组织,哪里有问题就被派到哪里灭火的消防员角色。

本章的内容包括软件质量保证团队、团队的职责、活动与软件质量保证计划。

12.1　软件质量保证团队的组成

一般来说,一个具有相当规模的公司,其管理组织包括销售部、市场部、开发部、软件质量保证部(SQA)与维护部。软件质量保证部包含测试团队与 SQA 团队。软件维护部包含在线技术支持团队与现场维护团队。

1. SQA 团队

SQA 团队专业人员的多少取决于开发团队的规模。假设你是一个经理,如果你的软件开发团队有 100 人,质量保证部门(包括测试组)应该由多少人组成? SQA 团队的员工必须向质量保证经理报告,不要向开发经理报告。另外,必须注意的是,SQA 团队的主要工作不是测试。

2. SQA 团队的职责

SQA 团队参与软件项目过程的早期阶段,协助建立计划(软件开发计划)、标准(地方标准、国际标准化组织、其他标准)和过程(生产过程、报告程序),其目的是增加软件项目的价值,满足项目的约束和组织的政策。

12.2　软件质量保证团队的活动

1. SQA 团队活动的定义

SQA 团队涉及的活动贯穿于整个软件开发生命周期,因此,在软件开发的各个阶段,SQA 团队都必须参与。SQA 团队的活动包括以下 3 个方面:

①复查项目任务。

②审计(稽核)整个软件开发生命周期软件工作产品。

③为管理层提供透明信息,关于软件项目是否坚持其既定的目标和标准。

2. 软件质量保证的具体活动

活动 1:按照既定的程序,为软件项目准备 SQA 计划。此过程通常包括以下 3 个方面的内容:

(1)SQA 计划是在软件开发阶段的早期制订,并平行于该项目总体规划(参考软件需求规格说明书、IEEE 标准等)。

(2)SQA 计划要受到相关团体和个人的审查。审查人员包括但是不限于以下人员:

①软件项目经理。

②其他软件经理。

③项目经理。

④客户软件质量保证代表。

⑤负责质量管理的高级经理,SQA 团队要向其报告发现的问题。

⑥软件工程组(包括所有组内的团队,如软件设计以及软件任务的领导)。

(3)SQA 计划的管理和控制。

①在给定的时间内,在用的 SQA 计划的版本是已知的(即版本控制)。

②SQA 计划修订,以受控的方式被纳入到整个项目计划中(即变更控制)。

活动 2:SQA 团队的活动必须按照 SQA 计划进行,SQA 计划规定了 SQA 团队的权利与责任。它包括:

①SQA 团队的职责和权限(权威)。

②SQA 团队的资源需求(包括人员、工具和设施)。

③该项目的 SQA 团队活动规划和资金。

④SQA 团队参与制订软件开发计划、标准、程序和项目。

⑤SQA 团队进行的评估(Evaluations)。通常包括:

● 操作软件和支持软件。

● 发布和不发布的软件产品。

● 软件和非软件产品(如文档)。

● 产品开发和产品验证活动(如执行测试用例)。

● 创建产品的后续活动。

⑥由 SQA 团队进行的审计(稽核)和复查。

⑦作为 SQA 团队的审查和审计的项目标准及过程。

⑧记录和跟踪不符合项的过程。

⑨SQA 团队要求产生的文档。

⑩给软件工程组和其他相关群体提供有关 SQA 活动的反馈方法和频率。

活动 3：SQA 团队参与项目软件计划标准和程序的编写以及评审 SQA 团队提供计划、标准咨询和审查，以便确认以下内容：

- 符合组织(公司)的政策。
- 符合外部强加的标准和要求(如 DO-178B)。
- 其他项目适用标准。
- 在软件开发计划中应该解决的事项。
- 项目中所涉及的其他领域。

SQA 团队验证现存的可用于审核软件项目的计划、标准和程序。

活动 4：质量保证组评审软件工程活动，验证合规性。

(1)这些活动依据软件开发计划和软件的指定标准与程序进行评价。

(2)确定偏差，形成文档，并且一直跟踪到底(确认偏差，记载偏差，追踪偏差)。

(3)确认偏差得到改正。

活动 5：SQA 团队审核(稽核)指定软件工作产品，并且验证合规性。

(1)交付的软件产品在交付给客户之前进行评价(评估、发布、交货)。

(2)依据软件标准、过程和合同要求(客户需求)，对软件工作产品进行评价。

(3)确认偏差，记载偏差，并且追踪偏差到底。

(4)确认偏差得到改正。

活动 6：SQA 团队周期性地将其结果报告给软件工程组。

活动 7：在软件开发活动和软件工作产品中确定的偏差被记录和处理。确定过程包括：

(1)依据软件开发计划和指定项目标准、过程确定的偏离被用适当的文档记录，并且如可能，找合适的软件任务领导、软件管理者或项目经理解决。

(2)对于那些偏离软件开发计划和项目标准的偏差，如果不能找到合适的软件任务领导、项目经理或者软件管理者解决，则要记录并提交给指定接收违规项目的高级经理。

(3)提交给高级经理的违规项目要进行周期性的评审、复查直至解决为止。

(4)违规项目的文档一定要管理和控制(记载不符合要求的项目)。

活动 8：如果合适，定期向客户方的 SQA 人员报告自己 SQA 人员的活动情况，并一起复查所发现的问题。

12.3　软件质量保证实例

维护成本是定制开发软件成本中最高的部分，占整个开发费用的 70%，维护成本高的原因是缺陷太多。

文档是软件工程师最不喜欢的软件工程过程。然而，文档是非常重要的，良好的沟通技巧是必不可少的，软件生命周期中的每部分都应该被记录在案。

在工业软件中,代码行的平均错误数量(Bug)为 10～15 行就有 1 个 Bug(注:数据有出入,有其他说法)。这样说有依据吗? 根据统计,Windows XP(2002 年)有大约 4 000 万行代码。有270 万～400万个之多的 Bug。原因:未能正确地遵守软件工程生命周期。软件工程师通常喜欢集中在他们喜欢的或者有很好技能的某个领域,如架构设计、代码编写等,这导致了生命周期中的某些领域被忽略或者花费较少的时间来完成。其他不良的编程习惯还包括不良的代码注释与缩进等。

根据统计,绝大多数的软件项目被推迟,不能在预定的日期进行部署,预计交付日期与实际的交付日期相差甚远。那么,有没有方法可以提高软件工程的可靠性和实时性呢? 回答是肯定的,可采用正规方法(形式化方法)来解决这一问题。

【例 12.1】　IV&V,NASA 的软件警察。

费尔蒙特的 QA 组织,独立验证设施(IV&V)起着至关重要的作用。他们搜索成百上千行复杂的太空任务软件代码以便发现缺陷。

在一个航天飞机任务控制系统中,IV&V 团队发现了一个在电源故障时自动重启飞行器的软件设计缺陷,如果该缺陷未被发现,航天飞机的热防护系统将失败。美国宇航局非常重视 QA 工作,仅在 2006 年,IV&V 预算就达 3 760 万美元。

【例 12.2】　Linux 的代码缺陷很少。

根据斯坦福大学计算机科学研究人员花费 4 年的时间对 Linux 的 570 万行源代码进行分析,Linux 内核编程代码比最专业软件编程代码更好、更安全。

根据此报告,Red Hat、Novell 软件 2.6 版本以及其他主要的 Linux 软件厂商的 Linux 生产内核,570 万行代码中仅仅包含 985 个错误代码(Bug),远低于商业企业软件行业的平均水平。

根据卡内基梅隆大学的可持续计算机联盟的工作,商业软件通常每 1 000 行代码就有20～30 个错误;而 Linux 内核代码每 1 000 行代码中平均有 0.17 个错误,这与商业软件每1 000行代码有 20～30 个错误形成了鲜明的对比。

12.4　软件质量保证计划

软件质量保证计划为高质量软件的开发提供了框架和指南。SQA 计划由 SQA 团队开发,并作为 SQA 活动模板。IEEE 已经推荐了 SQA 计划标准:

Software Quality Assurance Plan;IEEE Standard for Software Quality Assurance Plans, IEEE Std 730-1998。

(1)遵循以上的标准,软件质量保证计划应包括下面列出的部分。

①目的。

②参考文档(文献)。

③管理。

④文档(文件)。

⑤标准、实践做法、惯例和度量。

⑥复查和审计。

⑦测试。

⑧问题报告和纠正行动。

⑨工具、技术和方法。

⑩代码控制。

⑪媒体控制。

⑫供应商控制。

⑬记录收集、维护和保留。

⑭训练。

⑮风险管理。

⑯可以按要求增加附加部分。

（2）制订和实施软件质量保证计划的措施包括以下步骤：

步骤1：将计划记入文档。

步骤2：获得管理层的承认。

步骤3：获得开发团队的承认。

步骤4：实施SQA计划。

步骤5：执行质量保证计划。

①获得管理层的承认。

为了成功地实施软件质量保证计划，参与管理是很必要的。管理的责任是确保软件项目的质量和提供软件开发所需的资源。管理承诺实施SQA计划所要求的水平取决于项目的范围。如果一个项目跨越组织边界，应在所有受影响的区域获得批准。

为了解决管理问题，软件生命周期成本应该被正式估计为项目实施，包含或者不包含一个正式的SQA计划。一般来说，实施一个正式的SQA计划具有经济和管理意义。

②获得开发团队的承认。

由于软件开发和维护人员是SQA计划的主要用户，他们在实现SQA计划方面的统一与合作是必不可少的。软件项目团队成员必须坚持项目质量保证计划；每个人都必须接受并遵循它。缺少软件团队成员的参与和软件团队管理者协助起草SQA计划，SQA计划成功实施几乎是不可能的。

③实施SQA计划的计划。

实施SQA计划资源包括人员及文字处理资源。负责实施SQA计划的人必须获得这些资源。起草、复查、批准SQA计划的日程表必须被确定。

④执行质量保证计划。

执行一个SQA计划的实际过程涉及确定允许软件开发与维护团队在必要的审计点进行监控。审计功能必须在软件产品的实施阶段列入时间表，其目的是SQA计划不会因受到软件项目不合适的监控而受到伤害。

在开发过程中可以周期性地设置审核点或者设置在特定的项目开发里程碑的时间点，即在主要复查的时间节点或部分项目交付时间节点。

⑤软件质量保证计划模板。

软件质量保证计划模板是一个应用程序项目的软件质量保证计划示例。这里隐藏了该项目的细节，其目的是强调计划的逻辑与技术。模板格式与内容如下：

1. 目的

2. 参考文档

(1) 软件需求规格说明书

(2) 一般的项目计划(项目计划)

(3) 通用软件测试计划(软件测试计划)

(4) 软件配置管理计划

3. 管理

　3.1 组织结构(管理结构)

　3.2 任务和职责(任务与责任)

　　3.2.1 项目负责人(软件工程师、项目领导)

　　3.2.2 软件开发组

　　3.2.3 测试分委员会

4. 文档(文件)

　4.1 软件需求规格说明书

　4.2 系统用户指南

　4.3 安装指南

　4.4 测试结果总结

　4.5 软件单元文件

　　4.5.1 初步设计文档

　　4.5.2 详细设计文档

　　4.5.3 其他文档

　4.6 翻译软件单位

5. 标准、实践及惯例

6. 复查与检查

7. 软件配置管理

8. 问题报告与更改行动

9. 工具、技术及方法

10. 代码控制

11. 媒体控制

12. 供应商控制

13. 记录收集、维护与保持

14. 测试方法(黑盒测试、白盒测试等)

第 13 章　当代软件质量管理与标准

本章主要介绍当代软件质量管理与标准,包括 ISO 9000 质量保证体系、软件成熟度模型(CMM)、戴明质量管理 14 点原则与戴明质量循环模型。值得指出的是,本章所要介绍的以上 4 个方面的内容,除了软件成熟度模型是直接针对软件开发的以外,其余都是通用的质量管理理论。也就是说,这些通用的质量管理理论既适合一般的产品质量管理,也适合软件质量管理。学习这些理论,会对软件质量管理有直接或者间接的帮助。

13.1　ISO 9000 质量保证体系

1. ISO 9000 质量保证体系的定义

ISO 9000 质量保证体系是企业发展与成长之根本。ISO 9000 不是指一个标准,而是一类标准的统称,是由 TC176(质量管理体系技术委员会)制定的所有国际标准,是 ISO 12000 多个标准中最畅销、最普遍的产品。

2. 建立 ISO 9000 质量保证体系的益处

质量是取得成功的关键。由不同的国家政府、国际组织和工业协会所做的研究表明,企业的生存、发展和不断进步都要依靠质量保证体系的有效实施。ISO 9000 系列质量体系被世界上 110 多个国家广泛采用,既包括发达国家也包括发展中国家。该质量体系的广泛应用使市场竞争更加激烈,产品和服务质量得到日益提高。事实证明,有效的质量管理是在激烈的市场竞争中取胜的手段之一。

今天 ISO 9000 系列管理标准已经为提供产品与服务的各行各业所接纳和认可,拥有一个由世界各国及社会广泛承认的质量管理体系具有巨大的市场优越性。未来几年内,当国内外市场经济进一步发展,贸易壁垒被排除以后,它将会变得更加重要。

建立 ISO 9000 质量保证体系可使企业和组织体会到以下一些益处:

(1)一个结构完善的质量管理体系,使组织的运行产生更大、更高的效率。

(2)更好的培训和更高的生产力。

(3)减少顾客拒收和申诉,导致节省大量的开支,最终享有一个更大的市场份额。

(4)顾客对企业和企业的产品/服务有更大的信任。

(5)能够在 ISO 9000 认证的市场中畅通无阻。

3. ISO 9000 的内容

ISO 9000 目前包括 3 个质量标准:ISO 9000:2000;ISO 9001:2000;ISO 9004:2000。以上 3 个标准都是过程标准,而不是产品标准。

（1）ISO 9000 描述了质量管理体系的基本原则,并规定了质量管理体系的术语。

（2）ISO 9001 指定了质量管理系统的要求,一个组织需要展示其能力,以提供满足客户和适用的监管要求的产品,旨在提高客户满意度。

（3）ISO 9004 是质量管理体系的有效性和效率的指导方针。本标准的目的是提高组织的绩效、客户满意度和其他相关方的满意度。

（4）ISO 19011 为质量和环境管理审计体系提供指南。

这些标准形成了一套连贯一致的质量管理体系标准,促进了国家和国际贸易的相互了解。

ISO 9000 标准 2000 适用于各种领域的各种组织。这些领域包括制造、加工、维修、印刷、林业、电子、钢铁、计算机、法律服务、金融服务、银行、零售、回收、航空航天、建筑、勘探、纺织、制药、石油天然气、纸浆和造纸、石化、出版、旅游、通信、生物、化学、工程、农业、娱乐、园艺、咨询及保险等。

13.2　软件成熟度模型

1. 软件成熟度模型的定义

软件成熟度模型(Capability Maturity Model for Software,SW−CMM,或简称 CMM)是对于软件组织在定义、实施、度量、控制和改善其软件过程的实践中各个发展阶段的描述。CMM 的核心是将软件开发视为一个过程,并根据这一原则对软件开发和维护进行过程监控和研究,以使其更加科学化、标准化,使企业能够更好地实现商业目标。

CMM 是一种开发模型。Carnegie Mellon 大学的研究人员从美国国防部合同承包方那里收集数据并加以研究,提出了 CMM。美国国防部资助了这项研究。Carnegie Mellon 以该模型为基础创办了软件工程研究所(SEI)。CMM 的目标是改善现有软件开发过程,也可用于其他过程。

2. 软件成熟度模型的分级

CMM 是一种用于评价软件承包能力以改善软件质量的方法,侧重于软件开发过程的管理及工程能力的提高与评估。CMM 分为 5 个等级:一级为初始级;二级为可重复级;三级为已定义级;四级为已管理级;五级为优化级。软件成熟度模型的分级以及其特点见表 13.1。

只要集中精力持续努力建立有效的软件工程过程的基础结构,不断进行管理的实践和过程的改进,就可以克服软件生产中所产生的困难。

为什么一些世界一流的软件公司没有进行 CMM 认证? 例如,Microsoft、Oracle 和 Sysbase 等公司。其原因是:一流公司做标准(Standard),二流公司做品牌(Brand Name),三流公司做产品(Product)。

表 13.1　软件成熟度模型的分级及其特点

能力等级	特点	关键过程
第一级 初始级（最低级）	软件工程管理制度缺乏,过程缺乏定义,混乱无序。成功依靠的是个人的才能和经验,经常由于缺乏管理和计划导致时间、费用超支。管理方式属于反应式,主要用来应付危机。过程不可预测,难以重复	
第二级 可重复级	基于类似项目中的经验,建立基本的项目管理制度,采取一定的措施控制费用和时间。管理人员可及时发现问题,采取措施。在一定程度上可重复类似项目的软件开发	需求管理、项目计划、项目跟踪和监控、软件子合同管理、软件配置管理及软件质量保障
第三级 已定义级	已将软件过程文档化、标准化,可按需要改进开发过程,采用评审方法保证软件质量。可借助 CASE 工具提高质量和效率	组织过程定义、组织过程焦点、培训大纲、软件集成管理、软件产品工程、组织协调及专家评审
第四级 已管理级	针对制订质量、效率目标,收集、测量相应指标。利用统计工具分析并采取改进措施。对软件过程和产品质量有定量的理解和控制	定量的软件过程管理和产品质量管理
第五级 优化级（最高级）	基于统计质量和过程控制工具,持续改进软件过程。质量和效率稳步改进	缺陷预防、过程变更管理和技术变更管理

13.3　戴明质量管理的 14 点原则

1. 戴明（Deming）博士介绍

戴明在 1928 年获得物理学博士,1934 年发表了第一篇在统计领域中的论文,1944 年在斯坦福大学首次讲授了质量控制课程,第二次世界大战后,应日本政府的要求,协助他们提高生产力和质量。戴明教导日本人,高质量意味着更高的生产率和更低的成本。

2. 戴明质量管理的 14 点原则

从 1950 年开始,戴明多次到日本,向日本的工商界人士传授一套统计质量管理的思想。可以认为,戴明对于日本的战后复兴立下了巨大功绩。由于从 20 世纪 70 年代后期到 80 年代以后日本企业的崛起,导致美国企业开始进行反思,它们也开始接受戴明的理念。戴明所提出的企业界人士必须接受的 14 点原则是对他的管理理念的概括和总结。

（1）为持续改善产品和服务,为社会提供持续改进的目标。为长期的需求提供资源,而不仅仅是短期盈利能力,要有使得企业变得具有长远竞争力,并提供工作计划。简单地说,要树立改进产品和服务的长久使命,以使企业保持竞争力,确保企业的生存和发展,并能够向人们提供工作机会,要做长期的产品改善计划,而不是追求短期利润的计划。这一点实际上是 1950 年戴明为日本企业家开出的一个建议。当时日本处于战后的一片废墟中,处于民不聊生的状态,而戴明向日本的工商界人士建议通过改进质量就可以提升企业的竞争力,企业的竞争力大了就可以增加份额,企业的份额多了就可以为很多人创造工作。

改进质量→提升企业的竞争力→增加份额→增加工作机会。

这个"药方"后来被称为戴明的链式反应。

(2)接受新的哲学理念。在一个新的经济时代,我们不能只满足延迟、拖后、缺点、错误、缺陷材料及缺陷工艺,向西方的管理风格转型是必要的,其目的是阻止继续下降的企业和工业。管理者必须意识到自己的责任,直面挑战,领导变革。20 世纪 80 年代以后,世界进入了一个新的经济时期,从过去的供不应求进入相对过剩的时代,这时只有彻底地转变观念,才能够迎接挑战。

(3)不要将质量依赖于大量的检验。检验对于质量是无济于事的,只不过是对结果的一种确认而已,其理念是将质量融入产品,而不是用大量的产品检查的方法而提高质量。

(4)终止"最低成本合同"。终结基于价格标签奖励企业的实践,相反,要求有意义的质量及价格措施。不要只是根据价格来做生意,要减少不符合统计和其他质量证明的不合格项目的供应商数量,要着眼于总成本最低,立足于长期的忠诚和信任,最终做到一种物品只同一个供应商打交道。从质量管理的角度来看,系统输入的种类越多,或者变异性越大,那么输出变异也会越大。因此希望输入的原材料能够尽可能地单一品种,这样有利于保证质量。要最小化整体成本,而不是最小化最初成本。例如,在 BMW 汽车上安装了一个沈阳拖拉机厂制造的方向盘,是不可以的。

(5)完善每一个过程。不断完善每个规划、生产和服务的过程。要不断地寻找问题,其目的是:

①改善公司的各项活动。

②提高质量和生产率。

③不断降低成本。

建立创新的、不断完善的产品服务和流程。管理的工作是不断地改进系统(设计、进料、维修、机器的改进、监督、培训及再培训)。通过持续不断地改进生产和服务系统来实现质量与生产率的改进及成本的降低。质量、生产率和成本是系统的输出,只有通过改进系统才能同时实现这 3 个重要指标的改进。

(6)做好培训工作。建立培训工作的现代方法,培训所有的员工,也包括管理层;要更好地利用每位员工,在很多情况下,人们会由于没有充分的培训而做不好工作,新的技能需要跟上材料、方法、产品与服务设计、机械、技术和服务方面的变化。例如,1 828 家国企破产的原因是什么? 1994 年到 2004 年年底,全国共实施政策性关闭破产项目 3 484 户,核销金融机构债权 2 370 亿元,安置关闭破产企业职工 667 万人,破产原因是技术落后、设备陈旧、工人素质低(应该加强培训)和管理混乱。

(7)进行领导。其目标是帮助人们做一个更好的工作,而不是指手画脚或者惩罚威吓,经理和班组长的责任必须有从数量到质量的变化。质量的提高将自动提高生产率,管理必须确保对内在的缺陷、维护要求、工具及模糊操作的定义,所有的条件不利于质量的报告立即采取行动。

(8)驱除恐惧。鼓励采用有效的双向沟通等方式来驱除整个组织的恐惧,以便员工可以更有效地为公司工作。由于恐惧而造成的经济损失是惊人的,例如由于恐惧使人们不敢提问题,然而最愚蠢的提问也胜于不提问。

(9)拆除部门间的壁垒。不同部门的成员应当以一种团队的方式工作,以发现和解决产品与服务在生产及使用中可能遇到的问题,企业再造就是一种拆除壁垒的举措。

(10)取消面向一般员工的口号标语和数字目标。质量和生产率低下的大部分原因在于系统,一般员工不可能解决所有问题,假如没有一个好的系统,仅仅在口号、数字上花工夫是无济于事的。

(11)取消武断的数字指标。取消对管理人员的数值目标和对雇员的完成份额的工作标准。为了实现质量和生产率的持续改进,建立帮助型的领导能力。单纯地强调定额或数字指标,员工会关注数量而忘记质量。

(12)消除影响工作完美的障碍。一般来说,人们愿意把工作做好,可是愿意做好工作并不等于就能够做好工作,这意味着取消年度考核和目标管理。

(13)开展强有力的教育和自我提高活动。鼓励每个人自我完善,这是针对组织成员的要求,前面比较多地强调了要改进系统,而现在是说组织中的每个成员都有义务提升自己。一个组织所需要的不仅仅是好的人,它需要有教育的人。过去多少年来,很多企业提的是终身雇佣;在今天这样的经营环境下,再没有什么企业可以打终身雇佣的保票了,但是可以提出确保员工树立起终身可雇佣的能力。竞争更好的职位的人需要有适合该岗位的深厚的知识。

(14)明确定义最高管理者的提高质量和生产率的永久承诺,并履行所有这些原则的义务。事实上,最高管理者致力于终生改善质量和生产力这是不足够的,他们必须知道他们所做的是什么,他们必须做什么。在最高管理层中创建一个结构,每天都贯彻前面提到的13点建议,并采取行动来完成转变。

这14条强调了我们多次重复的一个观念,就是第5条所说的,要通过不断地改进系统,实现高质量、低成本和高生产率。针对系统或者过程进行努力,这是在治本;如果单纯地针对质量抓质量,针对成本抓成本,针对生产率抓生产率,只不过是治标而已。所以戴明14点原则概括为一句口号:系统驱动行为。戴明曾经说过,管理中的问题应当由普通员工或者普通雇员承担的责任充其量连15%都不到,85%都是由于系统造成的,所以管理者要把精力放在改造系统上。

总体来说,管理学中相当一部分内容是在强调过程,过程是理解现代管理的钥匙,企业只有通过持续不断地改进过程或系统,才能够有效地提高质量,降低成本,提高生产率。

面向过程的管理是一种治本的管理,理解了过程这个概念,就可以理解管理学的大多数内容。例如,ISO 9000标准可以看作是从整体上对企业的过程所进行的规划和安排。

戴明的观点:鼓励改革、持续改善,强调改善而不是强调检查和零缺陷率;强调团队工作,降低成本;鼓励自我开发,其观点实际是与QS 9000的精神完全一致的。

13.4　戴明质量循环模型

戴明质量循环模型和戴明的管理原则是 20 世纪 50 年代日本制造业扭亏为盈的基础。戴明质量循环模型如图 13.1 所示。

戴明循环是一个质量持续改进模型,它包括持续改进与不断学习的四个循环反复的步骤,即计划(Plan)、执行(Do)、检查(Check/Study)与处理(Act)。

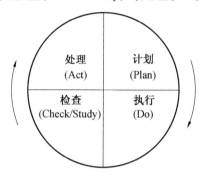

图 13.1　戴明质量循环模型

1. 戴明质量循环模型中的各个阶段

(1)计划阶段。

在这个圆的计划象限,当你开始一个新的业务,定义了业务目标(确立商业目标),确定了实现这些目标所需的条件、流程和方法。或者,当你想改善一个过程,分析你想改善哪一方面,寻找在哪方面具有改变的机会。

(2)实施阶段。

在该圆的 Do 象限,进行改变或测试(最好是在一个小规模)。确保:

①创造了条件。

②进行了培训。

③完成了按计划进行的工作。

(3)检查阶段。

在圆的检查象限中,必须检查确定工作是否按计划进行了,是否获得了预期的结果。

①检查结果。

②学到了什么(收获)?

③什么是错的(教训)?

④是否按照你所希望的方式进行了改善(是否改善了)?

(4)行动阶段。

决定你是否要采取已经做的改变,放弃它,或进行再次循环。在这一步中,你必须决定是否值得继续本次循环产生的这种特定的改变。

①如果它消耗了你太多的时间,很难坚持,甚至导致没有改善,你可以考虑中止该改变,并且规划一个新一轮的改变计划。

②如果这些变化导致一个理想的改善或结果,你可能会考虑将试验扩展到不同的领域,

或者增加你的复杂度。

在任何情况下,你可以开始计划阶段,并开始另一次迭代。

戴明质量循环模型的运行表现为整个管理系统的各个层次、各个环节都在进行"计划→实施→检查→处理"这种循环,它体现了系统运行的内在逻辑。其中"计划"是明确目标、制订方案的过程,它是整个循环的起点和基础;"实施"是循环中的主体,是整个循环成败的关键;"检查"对整个循环起着控制和把关的作用;"处理"则是一个总结与改进的环节,是使循环得以自我完善的重要阶段。戴明循环法的特点在于:大环套小环,不断推动企业迈上新的台阶。

戴明质量循环模型的真正价值在于它是连续质量改善模型。通常情况下,每次完整的PDCA循环完成之后将进行下一次循环,解决上次循环中遗留的问题或者进行新的质量改善。一般而言,经过这样一次循环可以解决一些影响产品质量的问题,从而提高产品质量,对于尚未解决或新发现的问题,则需要下一个循环来解决。如此,每个PDCA循环都不是在原地运转,而是像爬楼梯一样,每一循环都有新的目标和内容,随着循环的不断进行,产品质量则持续提升,如体现持续改进的戴明质量循环模型。

2. 什么情况下使用 PDCA 质量周期模型?

(1)当开始一个新的改善项目:确认目标与流程、方法。期望该改善项目能够达到预期的效果。如果条件允许,可以先做小规模的实验,测试可能的效果。例如,改善现有的海珍品(海参、鲍鱼)养殖流程,使得年产量达到 10 000 千克。

(2)当开发一个新的过程或者产品/服务,例如作为创业者生产儿童服装,目标是每年生产 5 万套;生产流程:引进哪家公司的生产线等。

(3)当你实施任何改变(实现改变):例如,一家食用油生产厂试图改变现有的食用油生产流程,从而达到国际食用油质量保证。

3. 在软件质量管理中的 PDCA 质量周期模型

软件作为一种特殊的商品,它的质量的含义与开发流程要比其他商品复杂得多。有鉴于此,PDCA 质量周期模型在软件质量管理中简单、机械的直接应用还比较少。然而,在一些著名的软件开发过程模型中,却借鉴了 PDCA 质量周期模型的原理,例如,较早的螺旋模型和当今流行的统一模型中都可以看见 PDCA 质量周期模型的影子。

在螺旋模型的 4 个象限(象限 1:确立目标、可选择的方法、限制;象限 2:评价所选择的方法,确认风险,解决风险;象限 3:开发并且确定下一个阶段(迭代)产品;象限 4:计划下一个阶段)所涉及的内容和 PDCA 的四个步骤有类似之处;而螺旋模型的迭代部分,则是PDCA 质量周期模型中的"持续改进"的思想体现。在统一模型中,强调迭代的概念,每次迭代都是一次"迷你"的瀑布模型,每次迭代都改善了上次迭代的功能。也就是说,戴明质量模型对重要的软件开发过程模型有重要的影响。

4. 利用 PDCA 质量周期模型总结学习方法的例子

【例 13.1】 张爽爽是某计算机学院一年级的学生,春季学期学习第一门编程语言课程——C 语言程序设计,结果她发现第一次期中考试的结果很不好。她求助于老师,老师告诉她可以使用 PDCA 质量周期模型来总结出一套适合于自己的学习方法。

(1)她想做什么? 张爽爽知道,她需要提高她的学习技能,以便更好地理解教材。

(2)她如何知道改变是一种改善？张爽爽认为她的考试成绩是度量其学习方法的最重要的标准。她决定用做以往的考试试题的办法来衡量改善。

(3)她会怎样做才能改善改变？张爽爽认为她用于学习的时间太少，于是提出提高学习技能的最好方法是增加学习时间。

第 1 轮实验

计划(Plan)：张爽爽决定每个星期增加 20 个小时的学习时间。她意识到她必须较少地进行社交活动，早起床，晚睡觉。

实施(Do)：到了周末，张爽爽发现她只能增加 10 个小时的学习时间，并且采取做以往试卷的方法并不能提高学习成绩。

检查(Check)：这 10 个小时的额外学习时间让张爽爽感到很疲倦，她在那段时间里注意力并不能专注。她一周都没有进行锻炼了。

行动(Act)：因为结果失败了，她需要设计一个更好的、更有效的方式来学习，以便她有时间来进行社交和锻炼。

第 2 轮实验

计划：张爽爽与她的同学(好学生)进行了一次长谈，征求其建议。基于此，她决定：

①认真听好每一节课程。

②记好课堂笔记，重点记录老师所强调的内容。

③仅仅将参考教材作为参考。

实施：遵循这个计划，而不是花大部分的时间在读教材上。

①重新编写课堂笔记，并且在课后遵循课堂笔记进行复习，理解并记忆课程中出现的很多新的概念。

②只有在不理解学习笔记的时候才去读教材。

③一个星期后，她再次使用以往试卷进行考试的时候，发现成绩提高了一些，但仍然看到了改善的空间。

检查：

张爽爽现在意识到自己花了太多的时间来阅读不重要的信息。她知道新方法还比较有效，但仍然觉得需要更多的学习时间。她不知道该怎么做，因为还有其他的课程要学习。另外，她发现虽然做模拟试卷的成绩比以前提高了，但是 C 语言编程作业却比较困难。

行动：张爽爽决定继续新的学习方式，并且尝试在繁忙的日子里找到时间进行学习。

第 3 轮实验

计划：张爽爽找到了学习成绩比较好的学长。学长建议：学习编程语言不能单靠背笔记上的内容，必须要花时间在编写程序上，通过程序编写加深理解课堂上老师讲的内容。于是张爽爽决定采纳学长的意见，在坚持记录课堂笔记的同时，抽出时间完成 C 语言程序编写作业。

实施：张爽爽在学完一节课的时候，立即抽时间完成 C 程序编写作业。通过 C 语言编程，她发现老师所讲的内容容易理解了，也觉得内容很有趣了，同时自己也更自信了。张爽爽发现，自己已经找到了更好的学习方法。事实上，她发现经过做编程作业以后再也不用花大量的时间复习课堂笔记了，因为课堂笔记的内容变得更加容易理解了。本周，张爽爽参加了一次考试,结果发现,她取得了很高的成绩。

检查:张爽爽现在知道,学习计算机编程语言的关键是要自己动手编写程序,而不是照抄其他同学程序。通过程序编写,加深理解了课堂上老师讲的重点内容,而且对 C 语言编程课程更加感兴趣了,而不是要死记硬背书本上的内容。更重要的是,她发现花在 C 语言课程上的时间减少了,而成绩却提高了。她意识到学习方法的重要性。

行动:张爽爽选择继续坚持好的学习习惯。

第 14 章　统计软件质量保证

统计软件质量保证是一种在软件质量保证中使用的定量方法。该方法试图对一个软件开发项目中出现的各种错误进行统计,分析出最关键的、最有影响力的错误方面,以便在后续的软件开发过程中改进开发流程中的某些方面,使得一个开发团队的整体软件开发水平得以提高。统计软件质量保证代表了软件工业质量保证的新的趋势,其应用有利于对软件产品质量进行定量化的描述,使整个软件开发行业变得更加定量。统计软件质量保证技术有助于提高产品的质量和软件过程本身。

显而易见,为了正确地进行统计软件质量保证,应对软件开发过程中、软件测试过程中以及在其他软件质量保证活动过程中产生的各种数据进行收集和评价。在统计软件质量保证中,数据是重要的。

14.1　Pareto 原理

1. Pareto 原理介绍

1906 年,意大利经济学家 Vilfredo Pareto 创建了一个数学公式用来描述他的国家财富分布的不平等。他观察到 20% 的意大利人拥有 80% 的土地。20 世纪 40 年代后期,Joseph M. Juran 在对软件与过程质量进行定量分析时也发现了类似的现象:20% 的缺陷造成 80% 的问题。Juran 将此种规律称为 Pareto 原理。

2. Pareto 原理的应用

Pareto 原理说明对于很多事件,大约 80% 的后果是由 20% 的原因引起的。80/20 原理也意味着,在任何一件事情中少数(20%)是至关重要的,而多数(80%)是微不足道的。在 Pareto 的情况下,这意味着 20% 的人拥有 80% 的财富;在 Juran 的初始工作中,确定大约 20% 的软件错误引起 80% 的问题。项目经理也通常注意到 20% 的工作(前 10% 和最后 10%)往往消耗一个团队 80% 的时间和资源。

80/20 规则可以适用于几乎任何事情。例如:20% 的货物占用 80% 的仓库空间;80% 的货物来自 20% 的供应商;80% 的销售额来自 20% 的销售人员;20% 的员工会导致 80% 的问题;但另外 20% 的员工将提供 80% 的生产。

Pareto 原理能帮助你什么呢? Pareto 原理的价值在于,它提醒经理把重点放在最重要的 20% 方面。一天做的事情,仅仅有 20% 是真正很重要的。这 20% 的事情产生 80% 的结果。因此可以确定那 20% 的事情是什么,并专注于那 20% 的事情。如果有什么事情在日程表上不准备完成,确保它不是那 20% 的事情。

Juran 的研究结果还包括:20% 的模块消耗 80% 的资源;20% 的模块产生 80% 的错误;20% 的错误消耗 80% 的修改费用;20% 的更新消耗 80% 的自适应维护成本;20% 的模块消

耗了 80% 的执行时间。

　　Pareto 原理可以被应用于程序优化。Knuth 用一个线性计数表分析程序,通过测试程序找出频繁使用的地方,然后对经常使用的那百分之几的代码进行优化。Knuth 列表分析其线性计数程序并发现:两个循环花费了一半的程序执行时间,于是他专注于改善这两个循环,修改了几行代码,从而使原程序速度提高两倍。

　　应用 Pareto 原理,实施统计软件质量保证的关键是收集程序测试中发现的错误和有缺陷的信息,然后针对这些信息进行分析。具体步骤为:

　　(1)收集并且归类软件缺陷信息。

　　(2)努力追踪每个缺陷的根源。

　　(3)利用 Pareto 原理,分离出重要的 20% 。例如,80% 的缺陷可以追溯到 20% 的所有可能的原因。

　　一旦确定了那 20% 的重要原因,就要全力分析造成这重要的 20% 错误的原因,纠正造成这些缺陷的问题,例如针对某组软件开发者进行有针对性的培训,或者改进开发流程等。要关注那些重要的少数,而不是那些不重要的多数。

14.2　统计软件质量保证

1. 软件错误分类

　　由于人们对错误有不同的理解和认识,因此目前还没有一个统一的错误分类方法。错误难于分类的原因:一方面是由于一个错误有几种表现形式,因此可以被归入不同的类;另一方面是不同的公司有不同的错误分类方法。在软件质量保证的实践中,大体有以下几种分类方法。

　　(1)按错误的影响和后果分类。

　　①小错误。只对系统输出有一些非实质性的影响。例如,输出的数据格式不符合要求等。

　　②中等错误。对系统的运行有局部影响。例如,输出的某些数据有错误或出现冗余。

　　③较严重错误。系统的行为因错误的干扰而出现明显不合情理的现象。比如,开出了 0.00 元的支票,系统的输出完全不可信赖。

　　④严重错误。系统运行不可跟踪,一时不能掌握其规律,时好时坏。

　　⑤非常严重的错误。系统运行中突然死机或停机,其原因不明,无法进行软启动。

　　⑥最严重的错误。系统运行导致环境破坏,或是造成事故,引起生命、财产的损失。如航天发射控制软件、飞机自动驾驶软件等。

　　(2)按错误的性质和范围分类。

　　B. Beizer 从软件测试观点出发,把软件错误分为 5 类。

　　①功能错误。

　　a. 软件需求说明错误。这类错误指需求说明可能不完全、有歧义或自身矛盾。

　　b. 功能错误。这类错误指程序实现的功能与用户要求的不一致。这通常是由于软件需求说明中包含错误解释的功能、多余的功能或遗漏的功能所致。

　　②系统错误。

　　a. 外部接口错误。外部接口指如终端、打印机、通信线路等系统与外部环境通信的手段。所有外部接口之间，人与机器之间的通信都使用形式的或非形式的专门协议。如果协议有错，或太复杂，难以理解，致使在使用中出错。此外还包括对输入/输出格式理解错误，对输入数据不合理的容错等。

　　b. 内部接口错误。内部接口指程序之间的联系。它所发生的错误与程序内实现的细节有关。例如，设计协议错、输入/输出格式错、数据保护不可靠、子程序访问出错等。

　　c. 硬件结构错误。这类错误在于不能正确地理解硬件如何工作。例如，忽视或错误地理解分页机构、地址生成、通道容量、I/O 指令、中断处理、设备初始化和启动等而导致的出错。

　　d. 操作系统错误。这类错误主要是由于不了解操作系统的工作机制而导致出错。当然，操作系统本身也可能有错误，但是一般用户很难发现这种错误。

　　e. 软件结构错误。软件结构错误是由于软件结构不合理或不清晰而引起的错误。这种错误通常与系统的负载有关，而且往往在系统满载时才出现。这是最难发现的一类错误。例如，错误地设置局部参数或全局参数；错误地假定寄存器与存储器单元初始化了；错误地假定不会发生中断而导致不能封锁或开中断；错误地假定程序可以绕过数据的内部锁而导致不能关闭或打开内部锁；错误地假定被调用子程序常驻内存或非常驻内存等，都将导致软件出错。

　　f. 控制与顺序错误。这类错误包括：忽视时间因素而破坏事件的顺序；猜测事件出现在指定的序列中；等待一个不可能发生的条件；漏掉先决条件；规定错误的优先级或程序状态；漏掉处理步骤；存在不正确的处理步骤或多余的处理步骤等。

　　g. 资源管理错误。这类错误是由于不正确地使用资源而产生的。例如，使用未经获准的资源；使用后未释放资源；资源死锁；把资源链接在错误的队列中等。

　　③加工错误。

　　a. 算术与操作错误。算术与操作错误指在算术运算、函数求值和一般操作过程中发生的错误。包括：数据类型转换错误；除法溢出；错误地使用关系比较符；用整数与浮点数做比较等。

　　b. 初始化错误。典型的初始化错误有：忘记初始化工作区，忘记初始化寄存器和数据区；错误地对循环控制变量赋初值；用不正确的格式、数据或类型进行初始化等。

　　c. 控制和次序错误。这类错误与系统级同名错误类似，但它是局部错误。包括：遗漏路径；不可达到的代码；不符合语法的循环嵌套；循环返回和终止的条件不正确；漏掉处理步骤或处理步骤有错误等。

　　d. 静态逻辑错误。这类错误主要包括：不正确地使用 CASE 语句；在表达式中使用不正确的否定（例如用">"代替"<"的否定）；对情况不适当地进行分解与组合；混淆"或"与"异或"等。

　　④数据错误。

　　a. 动态数据错误。动态数据是在程序执行过程中暂时存在的数据。各种不同类型的动态数据在程序执行期间将共享一个共同的存储区域，若程序启动时对这个区域未初始化，就会导致数据出错。由于动态数据被破坏的位置可能与出错的位置在距离上相差很远，因此要发现这类错误是比较困难的。

　　b. 静态数据错误。静态数据在内容和格式上都是固定的。它们直接或间接地出现在程序或数据库中。由编译程序或其他专门程序对它们做预处理。这是一种在程序执行前防止静态错误的好办法，但预处理也会出错。

　　c. 数据内容错误。数据内容是指存储于存储单元或数据结构中的位串、字符串或数字。数据内容本身没有特定的含义，除非通过硬件或软件给予解释。数据内容错误就是由于内容被破坏或被错误地解释而造成的错误。

　　d. 数据结构错误。数据结构是指数据元素的大小和组织形式。在同一存储区域中可以定义不同的数据结构。数据结构错误主要包括结构说明错误以及把一个数据结构误当作另一类数据结构使用的错误。这是更危险的错误。

　　e. 数据属性错误。数据属性是指数据内容的含义或语义，如整数、字符串、子程序等。数据属性错误主要包括对数据属性不正确的解释，比如错把整数当实数，允许不同类型数据混合运算而导致的错误等。

　　⑤代码错误。主要包括：

　　a. 语法错误。

　　b. 打字错误。

　　c. 对语句或指令不正确理解所产生的错误。

　　（3）按软件生存期阶段分类。

　　Good enough-Gerhart 分类方法把软件的逻辑错误按生存期不同阶段分为 4 类。

　　①问题定义（需求分析）错误。

　　它们是在软件定义阶段，分析员研究用户的要求后在所编写的文档中出现的错误。换句话说，这类错误是由于问题定义不满足用户的要求而导致的错误。

　　②规格说明错误。规格说明错误是指规格说明与问题定义不一致所产生的错误。它们又可以细分为：

　　a. 不一致性错误：规格说明中功能说明与问题定义发生矛盾。

　　b. 冗余性错误：规格说明中某些功能说明与问题定义相比是多余的。

　　c. 不完整性错误：规格说明中缺少某些必要的功能说明。

　　d. 不可行错误：规格说明中有些功能要求是不可行的。

　　e. 不可测试错误：有些功能的测试要求是不现实的。

　　③设计错误。设计错误是在设计阶段产生的错误，它使系统的设计与需求规格说明中的功能说明不相符。它们又可以细分为：

　　a. 设计不完全错误：某些功能没有被设计，或设计得不完全。

　　b. 算法错误：算法选择不合适。主要表现为算法的基本功能不满足功能要求、算法不可行或者算法的效率不符合要求。

　　c. 模块接口错误：模块结构不合理；模块与外部数据库的界面不一致，模块之间的界面不一致。

　　d. 控制逻辑错误：控制流程与规格说明不一致；控制结构不合理。

　　e. 数据结构错误：数据设计不合理；与算法不匹配；数据结构不满足规格说明要求。

　　④编码错误。

　　在编码过程中产生的错误是多种多样的，大体可归为数据说明错误、数据使用错误、计算错误、比较错误、控制流错误、界面错误、输入/输出错误及其他错误。

在不同的开发阶段,错误的类型和表现形式是不同的,故应采用不同的方法和策略来进行检测。

2. 工作产品的缺陷分类标准

除了软件本身可以产生错误以外,在软件开发过程中形成的文档也可能存在错误。表14.1 给出了工作产品缺陷类型及其描述。

表 14.1　工作产品缺陷类型及其描述

缺陷类型	描　　述
含混不清	任何能有多个解释的语句、图形或短语。主要出现在需求说明书,也出现在设计文件和代码注释中
注释	不准确的、有误导性的、不适当的或不专业的文本信息。可以发生在任何文档,包括代码注释。也适用于一般文本的缺陷(如拼写错误或印刷缺陷)。对这样的工作产品进行标注,并提供给作者更正。将在一次检查中发现的此类错误作为一个词条写入日志,该词条覆盖了所有的印刷缺陷与拼写错误
数据	包括与所有错误使用与定义的数据相关的事项。包括不正确的数据类型,未被初始化的数据,表格中不正确的数据,并没有完全或清楚定义的数据实体
不完整	缺少部件的产品组件,可能是需求、设计或代码组件的任何单个组件。或者在一组应该包含多个组件的组中发现有的组件没有被包含。也包括未被充分说明的需求或定义语句
接口	病态定义的不正确的或不完整的部件之间的连接。包括被审查工作产品和引用工作产品之间的接口的缺陷,或者在被审查的工作产品中的缺陷,例如,程序中的函数调用时给出了错误个数的参数。用户界面的缺陷也属于这一类
不一致	工作产品中的一个组件是自相矛盾的,或者与工作产品中的另一个在审组件是互相矛盾的,或与一个引用的工作产品是矛盾的
逻辑	在定义、设计或实现一个算法或过程时产生的缺陷。包括所有导致软件故障或算法的缺陷,如丢失的步骤、重复的逻辑、错误解释、缺少条件测试、病态定义的方程、精度损失或符号习惯错误
资源	与使用相关的关键系统资源相关的缺陷,这些缺陷导致性能损失,如不必要的使用实时内存或超载的频道,导致产生瓶颈。对系统性能有不利影响的类型缺陷应该属于这一类。在需要使用快速算法的地方使用慢速算法,导致处理器的过度使用。这类缺陷应该属于资源型缺陷
标准	当被查工作产品违反了组织的标准时,这类缺陷属于标准型
不可验证	无法测试的任何需求声明语句,或者是一个不能被测试的并发程序(原因是缺少死锁条件)
其他	以上没有定义的缺陷。这些缺陷可能被命名为新类型的缺陷

值得注意的是,有时候某个特定的缺陷可能符合以上的一种或者多种类型。在这种情况下可以使用最佳的匹配类型。

3. 简化的软件错误分类的例子

假如针对该软件开发项目文档和代码进行软件测试与软件质量保证中的其他活动,最后将结果汇总成表 14.2 所示的表格。表 14.2 列举了所有的软件错误分类的类型,所有的错误都可以归结为其中之一。

表 14.2　简化的软件产品错误类型

Error	Total 总数		Serious 严重		Moderate 中等		Minor 小	
	数目	百分比	数目	百分比	数目	百分比	数目	百分比
IES	205	22%	34	27%	68	18%	103	24%
MCC	156	17%	12	9%	68	18%	76	17%
IDS	48	5%	1	1%	24	6%	23	5%
VPS	25	3%	0	0%	15	4%	10	2%
EDR	130	14%	26	20%	68	18%	36	8%
ICI	58	6%	9	7%	18	5%	31	7%
EDL	45	5%	14	11%	12	3%	19	4%
IET	95	10%	12	9%	35	9%	48	11%
IID	36	4%	2	2%	20	5%	14	3%
PLT	60	6%	15	12%	19	5%	26	6%
HCI	28	3%	3	2%	17	4%	8	2%
MIS	56	6%	0	0%	15	4%	41	9%
合计	942	100%	128	100%	379	100%	435	100%

这些错误类型是:

(1)不完整的需求说明(Incomplete or Erroneous Specifications,IES)。

(2)客户交流误解(Misinterpretation of Customer Communication,MCC)。

(3)故意偏离软件需求说明书(Intentional Deviation from Specification,IDS)。

(4)违反编程标准(Violation of Programming Standards,VPS)。

(5)数据表示错误(Error in Data Representation,EDR)。

(6)组件接口不一致(Inconsistent Component Interface,ICI)。

(7)设计逻辑错误(Error in Design Logic,EDL)。

(8)不完整或错误的测试(Incomplete or Erroneous Testing,IET)。

(9)不准确不完整文档(Inaccurate or Incomplete Documentation,IID)。

(10)由设计到编程的翻译错误(Error in Programming Language Translation of Design,PLT)。

(11)含混的不一致的人机接口(Ambiguous or Inconsistent Human/Computer Interface,HCI)。

（12）其他错误（Miscellaneous，MIS）。

该表表明 IES（不完整或错误规格说明书）、MCC（曲解客户通信）与 EDR（数据错误）是最重要的少数原因，占所有错误的 53%。应该指出的是，如果考虑严重错误的程度，EDR、PLT 和 EDL 可以被选择作为关键的少数原因。

一旦确定了缺陷的重要原因，软件工程组织就可以开始采取纠正措施。例如，为了纠正 MCC，软件开发者可以实现便利的应用规约技术（Facilitated Application Specification Techniques）提高与客户沟通的质量规格。为了改善 EDR，开发商可能会获取 CASE 建模工具和执行更严格的数据设计审查。

更需要注意的是，改正行动主要集中于关键少数的几个方面。在这些关键少数原因被改正之后，新的关键少数原因又会出现。

14.3　Fast 方法

Fast 方法是在需求与分析的早期面向团队的需求获取方法。这种方法需要客户与开发者组成的联合工作团队。团队的任务是：

（1）确认问题。

（2）提出解决方案的元素。

（3）协商不同的解决方案。

（4）明确提出初步的需求。

需要测量：

（1）严重错误的数量。

（2）中度错误的数量。

（3）轻微错误的数量。

软件开发人员可以为每个主要的软件过程中的步骤计算误差指数（PI_i），则可计算总错误指数 EI。

经过软件开发阶段的分析、设计、编码、测试和版本发布过程，收集以下数据：

$$EI = (PI_1 + 2PI_2 + 3PI_3 + \cdots + iPI_i)/PS \quad （总错误指数）$$

$$PI_i = W_s(S_i/E_i) + W_m(M_i/E_i) + W_t(T_i/E_i) \quad （阶段错误指数）$$

其中，EI 表示总误差指数；PI_i 表示阶段错误指数；W_s、W_m、W_t 表示严重、中度、轻微权重；E_i 表示软件工程过程的第 i 步发现的全部错误数目；S_i 表示第 i 步发现的严重错误数目；M_i 表示第 i 步发现的中度错误数目；T_i 表示第 i 步发现的轻微错误数目；PS 表示产品的总大小（包括代码行数、设计表数、文档页数）。

对 SQA 的统计和 Pareto 原理的应用可以概括为一句话：花时间专注于真正重要的事，但首先要确保你了解什么是真正重要的！

统计 SQA，这种相对简单的概念代表着一种自适应软件工程过程，其目的是为了改善那些引入错误的过程元素。统计质量保证技术已被证明为软件提供了大量的质量改进。在某些情况下，软件组织在应用这些技术后每年减少 50% 的错误。

附录1 软件测试计划模板

<项目名称>
软件测试计划

前言

编写目的

说明:对测试计划做一个简单的介绍,说明这个测试计划的功效以及当前项目背景情况介绍。对测试产品(所属行业、系统架构、系统功能等)及其项目目标以及该文档读者对象、其他相关事项进行简要说明。

名词解释

说明:项目中或测试中一些术语的说明,包括使用的专用术语及其定义、缩略语全称和定义。

术语或缩写词	英文解释	中文解释

参考资料

说明:包括测试计划引用或参考的文档,查看计划,同时需要查看相关文档等,这些文档都需要加到测试计划的参考资料列表里。

资料名称	作者	说明

测试摘要

说明:主要说明测试计划中重要的和可能有争议的问题。其主要目的是将这些信息传递给那些可能不会通读整个测试计划文档的人员(如公司领导、项目经理、产品经理等)。可以考虑以下几项内容:

(1)重点事项。

列出测试的重点事项。可以将问题按重要程度和优先级罗列出来,然后在后面的章节中再对这些问题进行详细说明,这样就能让对这些问题有重要影响的人员知道问题的所在。

(2)争议事项。

简要说明争议事项,如与开发人员、项目经理在测试进度、测试策略等方面前期未达成一致的内容。

(3)风险评估。

通过对技术文档的阅读,对被测系统可能存在的问题,包括系统设计、数据库设计、响应时间、因测试环境不足可能存在的测试缺陷事先评估出来,以指导测试方案,进行有重点的测试。

(4)时间进度。

简要说明测试开始时间与发布的大致时间或几个大里程碑时间。

(5)测试目标。

简要说明测试发布的质量目标,如测试范围、需求覆盖率、测试用例执行率、缺陷修复率要求等。

资源需求

硬件资源

说明:描述建立测试环境所需要的设备、用途及软件部署计划。

机型(配置):此处说明所需设备的机型要求以及内存、CPU、硬盘大小的最低要求。

用途及特殊说明:此设备的用途,如数据库服务器、Web 服务器、后台开发等;如有特殊约束,如开放外部端口、封闭某端口、进行性能测试等,也写在此列。

软件及版本:详细说明每台设备上部署的自开发和第三方软件的名称及版本号,以便系统管理员按照此计划分配测试资源。

预计空间:说明第三方软件和应用程序的预计空间。

IP/机型	操作系统	用途说明	软件 & 版本	预计空间
172.16.40.4	Server 2008		Oracle 10 G	2 G
172.16.108.25	Windows 7		Tomcat 6.0	200 M

软件资源

说明:列出项目中使用的所有软件以及测试工具。

软件名称	用途说明

人力资源

说明:列出项目参与人员的职务、姓名及职责。人员包括开发人员、质量保证、配置、测试以及其他相关人员。

角色	姓名	职责

测试详述

测试范围

说明:本计划涵盖的测试范围包括功能测试、集成测试、性能测试、安全测试等;测试项目涉及的业务功能与其他项目涉及的业务接口等。要说明哪些是要测试的,哪些是不要测试的,哪些文档需要编写,哪些文档在什么情况下不写等。

测试目标

说明:测试人员根据项目的目标和公司质量目标转换成本次测试的目标。做到完成测试目标同时实现项目的目标和公司的质量目标。测试目标转换成可衡量和实现的东西,必须有固定的视图和目标。

风险和约束

说明:列出测试过程中可能存在的一些风险和制约因素,并给出规避方案。

(1)由于客观存在的设备、网络等资源原因,因此测试不全面。明确说明哪些资源欠缺,产生什么约束。

(2)由于研发模式为项目型产品,且工程上线时间压力大,因此测试不充分。明确说明在此种约束下,测试如何应对。

(3)由于开发人员兼职其他工作,造成所提交代码的质量以及不能及时修改 Bug 的风险,测试应该如何应对。

测试进度

说明:对各阶段的测试给出里程碑计划,包括阶段、里程碑、资源等。表格中是否是里程碑计划,如果是里程碑计划应填写"√",否则无须填写。

测试阶段	开始时间	结束时间	资源	是否是里程碑计划
系统测试计划				
测试用例编写				
测试用例评审				
单元测试				
用户手册编写				

测试阶段	开始时间	结束时间	资源	是否是里程碑计划
集成测试				
系统测试				
系统测试报告编写				

测试策略

整体策略

说明:说明计划中使用的基本测试过程。使用里程碑技术在测试过程中验证每个模块,测试人员在需求阶段参与测试工作,进行需求复审、设计复审、测试用例设计和测试开发,在系统开发完成之后,正式执行测试。产品达到软件产品质量要求和测试要求后发布,并提交相关的测试文档。

测试类型

说明:选择本项目是否采用该测试类型,在表格中是否采用,如果采用则填写"√",否则无须填写,如果表格中没有对应的测试类型则自己添加。

编号	测试类型	说明	是否采用
1	功能测试	根据需求文档、设计文档等检查产品是否正确实现其功能	
2	流程测试	按操作流程进行的测试,主要有业务流程、数据流程、逻辑流程及正反流程,检查软件在按流程操作时是否能够正确处理	
3	界面测试	检查界面是否符合公司界面规范,是否美观合理	
4	易用性测试	检查系统是否易用、友好,是否符合通用的操作习惯	
5	接口测试	检查系统与外部系统或外部设备等是否接口正常	
6	安装测试	检查系统能否正确安装、配置基础数据是否正确	
7	性能测试	提取系统性能数据,检查系统是否满足在需求中所规定达到的性能	
8	安全性测试	检查系统安全,是否达到安全需求,是否存在安全隐患	
9	兼容性测试	对于 C/S 架构的系统来说,需要考虑客户端支持的系统平台 对于 B/S 架构的系统来说,需要考虑用户端浏览器的版本	
10			
11			

测试技术

说明:选择本项目是否采用该测试技术,在表格中如果采用则填写"√",否则无须填写,如果表格中没有对应的测试技术则自己添加。

编号	测试技术	说　明	是否采用
1	测试用例设计	在产品需求评审通过后编写测试用例	
2	白盒测试	单元测试是否开展代码测试	
3	自动化测试	系统回归时是否要引入自动化测试	
4	性能测试	是否使用工具进行性能方面的测试	
5			
6			

测试提交文档

说明:测试过程中需要提交各种文档、作者、文档配置库存放目录。

文档说明	作　者	文档位置(配置库)
系统测试计划		
测试用例		
实现与测试跟踪表		
用户手册		
系统测试报告		

质量目标

说明:可以是产品的质量达到什么样的目标,产品的流程联通性达到什么样的要求。

编写	测试质量目标	确认人及特殊说明
1	测试已实现的产品是否达到设计的要求,包括各个功能点是否已实现,业务流程是否正确	
2	所有的测试用例已经执行过	
3	所有的自动测试脚本已经执行通过	
4	不允许存在严重程度为高和中的功能缺陷	
5	缺陷的发现速率正在下降并接近0	
6	在最后的三天内没有发现严重程度为高和中的缺陷	
7		
8		

计划审核记录

QA&CM 审核意见：   　　　　　　　　　　　　　　　　签名：　　　日期：
质管部经理审核意见：   　　　　　　　　　　　　　　　　签名：　　　日期：
项目经理审核意见：   　　　　　　　　　　　　　　　　签名：　　　日期：

附录 2 软件测试用例模板

测试用例模板

用例编号		用例类型				
用例名称						
模块名称						
用例概述						
测试环境						
测试目标						
用户需求						
前置条件						
后置条件						
特殊说明						
用例的测试过程						
步骤	测试内容	测试预期结果	操作描述	测试输入数据	测试结果	测试完成后功能描述
1						
2						
3						
4						
5						
测试人			测试时间			
备注						

用例说明

1.用例编号：每个用例唯一的标识。

2.用例类型：用例的优先级（根据 Bug 的等级划分、用户使用的主次功能划分；根据流程划分为基本流和备选流）。

3.用例名称：填写用例的名称,如删除对象、添加内容、进行查询等。

4. 模块名称:该用例属于哪个主要模块。

5. 测试环境。

(1)硬件环境:列出为测试本软件所使用硬件的配置。

①处理机的型号和内存容量。

②所要求的外存储器、媒体、记录格式、设备的型号和台数、联机/脱机。

③I/O设备(联机/脱机)。

④数据传输设备和转换设备的型号和台数。

(2)软件环境:说明为测试本软件所使用的软件。

①操作系统的名称和版本号。

②开发工具名称和版本号。

③数据库管理系统的名称和版本号。

④使用哪个测试软件。

⑤其他支持软件。

6. 测试目标:明确测试后所要实现的基本功能及结果,简要强调所有子功能可实现的功能和方法,使测试人员了解测试的意图。写出预期要达到的最好状态。

7. 用户需求:写出测试模块所要达到的基本用户需求或者用户所需要的完整功能描述。

8. 前置条件:描述该操作的前提条件。例如,前面删除的对象(废弃的对象、被引用对象、处在流程中的对象等)有各种情况,该处可以描述其中的一种。

9. 后置条件:描述该操作的相关后续链接。

10. 特殊说明:用户或者开发者有特殊需求或注意事项,需在此项添加。

11. 用例的测试过程。

①步骤:用例中需要测试进行的步骤。

②测试内容。

③测试预期结果:未测试前合理的正确结果。

④操作描述:如点击"高级查询"进入高级查询的页面,键入"姓名"。

⑤测试输入数据:如果此处输入姓名或其中几个字如"欧阳菲菲"或"欧阳",均可记录。

⑥测试结果:记录输出的结果。正确或者错误均记录。对于一个测试完整功能点都会有一个对应的期望的正确结果。该结果可能是一个输出的数据值,也可能是一个显示效果结果。

⑦测试完成后功能描述:测试无误后对该子项功能模块的整体详细描述。

⑧测试人:记录参与测试的测试人员。

⑨测试时间:记录测试完成的时间

⑩备注:可以添加其他内容或说明。

附录3　软件测试报告模板

文档编号×××××

版本号　×××××

文档名称　　测试报告

项目名称　　×××××

项目负责人　×××××

作者　×××××　　　　年　月　日

校对　×××××　　　　年　月　日

审核　×××××　　　　年　月　日

项目开发单位　×××××

测试报告提纲

目录

1. 引言
    1.1 项目背景(来源)
    1.2 参考资料(作者、标题、出版单位、日期及编号)

2. 任务概述
    2.1 目标
    2.2 运行环境
    2.3 需求概述
    2.4 约束

3. 计划
    3.1 测试方案(测试方法,选择测试用例原则)
    3.2 测试时间安排(模块、集成及系统)
    3.3 测试人员安排及职责

4. 模块功能测试说明
    4.1 模块名称、测试者及时间
    4.2 测试方法设计(黑盒、白盒方法设计要具体,白盒路径设计要有图)
    4.3 测试用例设计方法
    4.4 模块非功能测试内容及测试方法
    4.5 测试结果分析(包括错误类型、解决方法、测试通过率、测试效果、存在的问题及改进方法)

5. 模块集成测试说明
    5.1 集成测试者及时间
    5.2 集成方法设计
    5.3 测试用例和内容
    5.4 测试结果分析

6. 系统测试 (可不写)
    6.1 集成测试者及时间
    6.2 完整功能测试
    6.3 非功能测试
    6.4 测试结果分析

7. 测试结论
    7.1 能否通过
    7.2 收获与体会、问题与建议

参考文献

[1] 齐治昌. 软件工程[M]. 北京:高等教育出版社,2001.

[2] RICK D C, STEFAN P J. 系统的软件测试[M]. 杨海燕,罗洁雯,译. 北京:电子工业出版社,2003.

[3] PATTON R. 软件测试[M]. 周予滨,姚静,译. 北京:机械工业出版社,2002.

[4] DUSTIN E,RASHKA J,PAUL J. 软件自动化测试[M]. 于秀山,译. 北京:电子工业出版社,2003.

[5] 朱鸿,金凌紫. 软件质量保障与测试[M]. 北京:科学出版社,1997.

[6] 杨芙清,何新贵. 软件工程进展[M]. 北京:清华大学出版社,1996.

[7] 郑人杰. 计算机软件测试技术[M]. 北京:清华大学出版社,1992.

[8] 陈火旺. 程序设计方法学基础[M]. 湖南:科学技术出版社,1987.

[9] 张书杰,于学军,阎健卓,等. 基于构件软件系统集成测试的初步研究[J]. 北京工业大学学报,2004,30(2):224-226.

[10] 李祎,陈嶷瑛. 一种有效的软件测试模型[J]. 计算机工程与应用,2004,40(10):114-115.

[11] 许静,陈宏刚,王庆人. 软件测试方法简述与展望[J]. 计算机工程与应用,2003,39(13):75-78.

[12] 景涛,白成刚,胡庆培,等. 构件软件的测试问题综述[J]. 计算机工程与应用,2002,38(24):1-6.

[13] 娄文忠,马宝华. 引信软件可靠性的关键问题与对策研究[J]. 探测与控制学报,2002,24(2):1-4.

[14] 张永梅,陈立潮,马礼,等. 软件测试技术研究[J]. 测试技术学报,2002,16(2):148-151.

[15] 王青. 基于 ISO 9000 的软件质量保证模型[J]. 软件学报,2001,12(12):1837-1842.

[16] GLENFORD J M. 软件测试的艺术[M]. 王峰,陈杰,译. 机械工业出版社,2006.

[17] 飞思科技产品研发中心. 实用软件测试方法与应用[M]. 北京:电子工业出版社,2003.

[18] MEMON A, BANERJEE I, HASHMI N, et al. DART:a framework for regression testing "nightly/daily builds" of GUI applications[C]. Amsterdam:International Conference on Software Maintenance,IEEE, 2003:410-419.

[19] MARTIN R C. Thetest bus imperative:architectures that support automated acceptance testing[J]. IEEE Software, 2005, 22(4):65-67.

[20] NAGOWAH L, SOWAMBER G. A novel approach of automation testing on mobile devices

［C］Kuala Lumpur：International Conference on Computer & Information Science，2012：924-930.

［21］CATELANI M，CIANI L，SCARANO V L，et al. Anovel approach to automated testing to increase software reliability［C］. Instrumentation and Measurement Technology Conference Proceedings，IEEE，2008：1499-1502.

［22］BEIZER B. Software testing techniques［J］. Van Nostram Reinhold Inc. ，1990，29（2）：386-402.

［23］MEMON A，NAGARAJAN A，XIE Q. Automating regression testing for evolving GUI software［J］. Journal of Software Maintenance & Evolution Research & Practice，2005，17（1）：27-64.

［24］BERNDT D，FISHER J，JOHNSON L，et al. Breeding software test cases with genetic algorithms［J］. Big Island Hawaii IEEE Computer Society，2003，9：338-348.

［25］PARGAS R P，HARROLD M J，PECK R R. Test - data generation using genetic algorithms［J］. Software Testing Verification & Reliability，2000，9（4）：263-282.

［26］WONG W E，HORGAN J R，LONDON S，et al. Effect of test set size and block coverage on the fault detection effectiveness［C］. Monterey：International Symposium on Software Reliability Engineering，1994：230-238.

［27］MEMON A M，POLLACK M E，SOFFA M L. Using a goal-driven approach to generate test cases for GUIs［C］. International Conference on Software Engineering，ACM，Los Angeles，1999：257-266.

［28］SY N T，DEVILLE Y. Automatic test data generation for programs with integer and float variables［C］. San Diego：International Conference on Automated Software Engineering，IEEE，2001：13-21.

［29］GUESGEN H W，PHILPOTT A. Heuristicsfor solving fuzzy constraint satisfaction problems ［J］. Artificial Neural Networks & Expert Systems，1995：132-135.

［30］BACCHUS F，GROVE AJ. On the forward checking algorithm［C］. Ithaca：International Conference on Principles and Practice of Constraint Programming，1995：292-308.

［31］KUMAR V. Algorithms for constraint-satisfaction problems：a survey［J］. Ai Magazine，1992，13（1）：32-44.

［32］STERGIOU K. Representation andreasoning with non-binary constraints［D］. Scotland：University of Strathclyde，2001.

［33］CROKER A E，DHAR V. Aknowledge representation for constraint satisfaction problems ［J］. IEEE Transactions on Knowledge & Data Engineering，1993，5（5）：740-752.

［34］AMMANN P，OFFUTT J. Introduction to software testing［M］. Oxford City：Cambridge University Press，2016.

[35] RAJALAKSHRNI K, JEPPU Y V, KARUNAKAR K. Ensuringsoftware quality-experiences of testing tejas airdata software[J]. Defence Science Journal, 2006, 56(1):13-19.

[36] CHEN T Y, KUO F C, LIU H. Adaptive random testing based on distribution metrics[J]. Journal of Systems &Software, 2009, 82(9):1419-1433.

[37] NIE C, LEUNG H. A survey of combinatorial testing[J]. Acm Computing Surveys, 2011, 43(2):11.

[38] MARCO J, CEREZO E, BALDASSARRI S. Bringing tabletop technology to all: evaluating a tangible farm game with kindergarten and special needs children[J]. Personal and Ubiquitous Computing, 2013, 17(8):1577-1591.

[39] 董玉坤. 面向卓越测试工程师培养的软件测试课程教学改革与实践[J]. 教育教学论坛, 2016(1):78-79.